JN329585

知らないと危ない「有事法制」

水島朝穂［編著］

GENJIN ブックレット 30
現代人文社

目次

「有事法制」の本当の狙いはどこにあるのか

——「一国安全思考」からの脱却を

水《みず》島《しま》朝《あさ》穂《ほ》

四分の一世紀前の「日本有事」論

日本むかし話をします。「むかし」といっても、二〇代の若者が生まれたばかりか、まだ生まれていなかった頃の話です。

一九七八年七月一九日、自衛隊トップの栗《くり》栖《す》弘臣《ひろおみ》統合幕僚会議議長が、『週刊ポスト』誌のトップ記事で、「自衛隊法は不備な面が多いため、いざという時、自衛隊が超法規的行動に出ることはありうる」という衝撃的な発言を行いました。コンビニに月曜日(地方は水曜日)になると並ぶ「おじさん週刊誌」の一つです。この発言が「文民統制に反する」とされて、統幕議長は解任されました。自衛隊制服組トップの首を切ったのは、防衛庁長官の金丸信《かねまるしん》氏です。この人は在職中、竣工間近の護衛艦（ＤＤ143）の艦名に自分の選挙区（山梨県白根町）の名前をつけたことで顰蹙《ひんしゅく》をかいました。統幕議長解任の二日後、福田赳夫《ふくだたけお》首相（小泉内閣の福田康夫官房長官のお父上です）は、有事立法の研究促進を防衛庁に指示しました。

実はその一年前、一九七七年八月に福田内閣の三原朝雄《みはらともお》防衛庁長官の指示で、「有事法制」研究がすでに始まっていました。この研究は、自衛隊制服組の研究だった「**三矢作戦研究**」（一九六三年）、防衛庁内局中心の研究だった「法制上、今後整備すべき事項について」（一九六六年）と異なり、首相了承→長官指示という形でオーソライズされたもので、政府レベルの研究に格上げされたことを意味します。これを契機に、「有事法制」という言葉も一般に知られるようになり、「北方（ソ連）脅威論」に基づく「日本有事」シナリオが声高に語られるようになりました。

「ソ連軍東京湾、北海道強襲！自衛隊はこう戦う」（『現代』一九七八年一一月号）、「『ソ連上陸に用意』はじめた北海道住民の『本気』レポート」（『週刊新潮』一九八〇年三月二七日号）等々。当時の雑誌には、今にもソ連が北海道に侵攻するかのようなトーンの記事が並びま

「ソ連侵攻」「ソ連軍日本上陸」など「日本有事」を煽る当時の出版物

【三矢作戦研究】一九六三年、自衛隊制服組が行った極秘シミュレーションのこと。正式には、「昭和三八年度統合防衛図上研究」といいます。第二次朝鮮戦争が起こったことを想定して、アメリカが朝鮮半島で行う武力介入に日本が協力するという内容を盛り込んでいました。またその際、国内では、二週間以内に八七本の戦時立法を国会で可決させ、物価・金融から生活必需品までを統制し、基本的人権を制限するとともに、厳重な報道管制を敷くことが計画されていました。

した。書店には、『ソ連軍日本上陸！』（二見書房）、『北海道の一一日戦争』（講談社）といったおどろおどろしいタイトルの本が平積みになりました。市井の人となった栗栖氏も、『仮想敵国ソ連――われらこう迎え撃つ』（講談社）を出して市場に参入。五つの「ソ連軍侵攻ルート」を、釧路や音威子府《おといねっぷ》などの具体的な地名を挙げながら得意気に解説しています。結論部分では、自衛隊が円滑に行動できるための例外規定と、「人と金と物の動員」を図る非常事態措置諸法令の必要性が声高に主張されています。

一九八一年四月、防衛庁は「有事法制」研究の第一次中間報告（第一分類・防衛庁所管法令の研究）を発表しました。そこでは、「日本有事」の際に自衛隊が民間の業者などに物資の保管を命じたり、土地を使用したりするために必要な措置や手続きなどが検討されていました。「ある日、突然、北海道にソ連軍が」という雰囲気のなかで、国土が戦場になることを想定した研究が初めて出てきたわけです。

ところで、「有事法制」第一次中間報告が出された七カ月後の一九八一年一一月、一つの「事件」が起きました。北海道に住む二〇家族八〇人が、「ソ連が北海道に攻めてくる」という「観音様のお告げ」を信じて、鹿児島県に集団移住したのです。二年後の一九八三年七月、そのうちの一人はこう述べていました。「子供四人と孫一〇人は一緒に来たけど、もう一人の娘は嫁ぎ先の関係で、室蘭に残ったまま。これは早く呼んでやらんと。危険な北海道にいつまでも置いておけません」（『日刊ゲンダイ』一九八三年七月二八日付）。もちろん、これは特殊な事情の下での極端な例です。でも、二〇年前の冷戦時代の雰囲気をリアルに伝える話ではありませんか。

当時、「ソ連侵攻」や「日本有事」に浮足だった雰囲気のなかで、冷静な眼差しも存在しました。北日本最大の木材伐採会社を経営し、日本青年会議所副会頭も務めていた村井幸雄《むらいゆきお》氏。この方が、『東京発・北方脅威論——北海道からの提言』(現代の理論社)という本を出版して、一方的な軍拡論議や北方脅威論を鋭く批判しました。「生活の場であり、わが故郷でもある北海道から上京する度に、親しい友人、知人から『あなたの家族や会社は大丈夫か』と真顔で尋ねられることがしばしばあった」と語る村井氏は、北方脅威を過剰に煽り、軍拡に向かう動きを冷静に分析していきます。スタンスとしては自衛隊必要論に立ち、かつ「ソ連の軍事的な脅威が存在しないと考えるお人好しでもない」という村井氏。でも、「軍拡傾向は、一部専門家に任せておくにはあまりに私たちの日常の生活に深く関わりすぎている」と指摘し、「脱軍事の総合安保システム」の必要性を説いています。「北の生活者」の立場からの、腰の座った平和論は、今日的視点から見ても説得力があります。

なお、この本に「推薦の辞」を寄せた堤清二《つつみせいじ》氏(当時・西武百貨店会長)はこう書いています。「『狼が来た』と叫んだ少年は、その声に驚いて村人が逃げた隙に悪事を働いた。……北方脅威論の多くは、まさにこの狼少年と同質の部分がある。……どんな政党、業界、階級も、自分達の集団の利益を国益に優先させた時から堕落が始まる。ソ連仮想敵国論には、この『政治における思想的頽廃の素顔』が覗いている。……この本の著者は、北海道に住む青年会議所のリーダーとして、具体的であるが故に鋭い思考力で、『北方脅威論』のデマゴギー性を指摘した。単に地方の問題としてだけではなく、現代日本の、『管理された世論』の危険を反省させられる文明論として必読の好著である」と。作家でもある堤氏らしい文章です。

冷戦終結で「お蔵入り」だったものが

さて、これで「むかし話」は終わりです。でも、二〇年ちょっと前の話とは思えないことが、今、この国で進行しています。

二〇〇三年四月一六日に「有事」関連三法案が閣議決定され、国会に提出されました。その内容たるや、四分の一世紀近く前の「むかし話」の頃の単語や文章がそのまま出てきます。ここで、「有事法制」研究がどういう経過をたどってきたのか、簡単に見ておきましょう。

「ソ連侵攻」対処を主眼とした冷戦型「有事法制」の研究は、一九八一年四月の中間報告(第一分類)に続いて、一九八四年一一月に第二次中間報告(第二分類・他省庁関係法令の研究)が出されました。第一分類が「有事」に際して自衛隊が円滑に行動できることに主眼が置かれ、自衛隊法一〇三条を中心とする検討だったのに対して、第二分類は、防衛庁以外の省庁の所管する法令が中心となりました。陣地構築のため、海岸や自然公園、保安林などを使用できるようにしたり、野戦病院を設置するために医療法に特例を設けたり、大量の戦死者を墓地以外の場所に埋葬許可証なしに仮埋葬できるようにすることなど、「戦時」を想定した法的整備事項が生々しく列挙されていました。でも、市民の避難・誘導に関する研究や捕虜の取扱いなど、所管官庁が明確でない第三分類の研究は、結局公表されないまま、冷戦が終わってしまいました。そして一九九一年末にソ連邦が崩壊し、「北方脅威論」という言葉も死語になりました。

一九九〇年代は、「日本有事」を主眼とする「有事法制」研究は実質上「お蔵入り」状態になりました。ＰＫＯ等協力法や周辺事態法を中核とするガイドライン関連法など、日本の領域外で自衛隊の行動を可能にする諸法律の整備に重点が置かれたからです。では、長年の「空白」を経て、いったい、今なぜ「有事法制」なのでしょうか。

「武力攻撃事態法案」の狙い

四月一六日に閣議決定された「有事」関連三法案のうち、目玉となるのは、「武力攻撃事態における我が国の平和と独立並びに国及び国民の安全の確保に関する法律案」という長たらしいタイトルのものです。当初、「平和安全(確保)法案」という著しくミスリーディングな略称も与えられましたが(『読売新聞』四月四日付など)、『朝日新聞』は「武力攻撃事態法案」という略称を使いました(四月七日付)。閣議決定直前、政府も「平和安全確保法」は断念して、「武力攻撃事態対処法案」と略称するようになりました。本書では便宜上、「武力攻撃事態法案」といいます。

さて、「武力攻撃事態法案」の内容それ自体は、一九八一年に出された「有事法制」研究(第一分類)をベースにしたもので、時間をかけたわりには、冷戦時代のアンティークに装飾を施した程度のものといえなくもありません。お蔵入りのものをよくぞ引っぱり出してき

【ＰＫＯ等協力法】国連平和維持活動(ＰＫＯ)は、国連総会、安全保障理事会の決議に基づいて、国連事務総長の下、紛争地域の平和・安全の維持または回復のために実施される活動とされています。国連憲章に規定がなく、第六章の「紛争の平和的解決」と第七章の「軍事的強制措置」との間の「憲章第六章半の活動」と呼ばれたりしています。一九四八年に創設された国連パレスチナ休戦監視機構が最初の事例です。日本では、湾岸戦争後の一九九二年にＰＫＯへの参加を定める「国際連合平和維持活動等に対する協力に関する法律」(ＰＫＯ等協力法)が成立し、現在までに六つのＰＫＯ、二つの人道的な国際救援活動、二つの国際的な選挙監視活動に要員を派遣しました。参加に際しては、①紛争当事者間での停戦合意の成立、②紛争当事者の日本の参加に対する同意、③中立的立場の維持、④上記の基本方針が満たされない場合の撤収、⑤必要最小限の武器使用、という五原則の確保が義務づけられています。

【ガイドライン関連法】一九九七年

たという印象です。そこでは、大規模テロや「不審船」対処などは当面除かれた恰好になっています。でも、「外部からの武力攻撃なんて実際はありえない。だから無意味な法案だ」という見方は甘いと思います。

第一に、対象が当面「武力攻撃事態」に限定されていても、自衛隊の行動の裾野は巧みに広げられている点に注意を要します。「武力攻撃事態」とは、現に武力攻撃が発生した事態、その「おそれ」のある事態、「予測されるに至った事態」の三つを含む概念です。「予測される」云々は自衛隊七七条「防衛出動待機命令」の要件ですが、同じ文言を転用して、防衛出動下令後に初めて与えられる権限を、それ以前の段階でも行使できるようにする仕掛けです(陣地構築のための土地使用など)。でも、「予測されるに至った事態」と、周辺事態法における「そのまま放置すれば日本への武力攻撃に発展するおそれのある場合」とは、限りなく重なる点が要注意です(四月四日衆院安保委・防衛庁長官答弁)。

第二に、従来の日本の「防衛法制」のウィークポイントだった「防衛負担」(国民の権利に制限を加え、義務を課すこと)の整備が狙われています。当面、物資保管を罰則をもって強制したり、私有地内への自衛隊の立入りを拒否・妨害した者を処罰する仕組みが作られます。従来、防衛刑法(自衛隊法罰則)はもっぱら自衛隊員の行為が対象で、民間人は防衛用器物損壊罪など一部にとどまりました。これは災害対策基本法や災害救助法による災害時の権限を戦時にもスライドさせる手法なのですが、自然災害と「究極の人災」である戦争とは同じではありません。大規模災害で、たとえば被災者のために食料を確保するため、物資の保管命令を知事が出して、これに強制力を持たせても誰も反対しないと思います。

の「日米防衛協力のための指針」(新ガイドライン)を実効的なものとするために提案された「周辺事態法」と自衛隊法改定の二つの法律を指しています。「周辺事態法」では、「周辺事態」を「日本の平和と安全に重大な影響を与える事態」と定義し、政府はこの事態を地理的概念ではなく、性質に着目した概念だと説明しました。日米安保体制がグローバル化しつつあることを法的に表明したものと捉えることができます。この法律によって、日本は米軍に対して「後方地域支援」と称して燃料の補給や物品の輸送などができるようになり、また民間や地方自治体に対しても協力を依頼することができるようになりました。

「ブッシュの戦争」に協力するから物資を保管しろ、反対したら逮捕だと言ったとき、これに諸手を挙げて賛成という人は少ないでしょう。そこで今回の「限定」が出てきました。つまり、日本に対する「武力攻撃事態」に絞る。日本国民の安全を危険にさらすという点では大規模災害と同じだという論理をダブらせるわけです。現段階では、いくらなんでもインド洋上の米軍に送るための物資の保管命令を罰則付きで強制することは無理だという読みでしょう。でも、忘れてならないのは、いったん法的な枠組みができると、次からスライドして使われるということです。「準用する」という手法です。

一例を挙げます。ＰＫＯ等協力法が制定されるとき、池田《いけだ》行彦《ゆきひこ》防衛庁長官（当時）は、旧社会党などの「上官命令で撃ったら武力行使になるんじゃないか」という追及に対して、「個々の隊員の判断を束ねることはありうる」という方便で逃げ切りました。ところがその後、ＰＫＯ等協力法二四条が改正されて、上官の命令による発砲が可能になりました。個々の判断に委ねて勝手に撃ったほうが危険だという〝常識論〟が、上官命令を正当化していったのです。その後は、周辺事態法も**テロ特措法**も、武器使用については、改正ＰＫＯ等協力法にあわせて、上官命令による武器使用が当然の前提のようにされています。

こうした経験からすれば、当たり障りのないところから権利制限や権限拡大を行っていく手法の危険性は明らかでしょう。とりあえず「日本有事」の核心部分で、国民の権利・自由を制限する「負担法」の体系ができるわけです。やがて「周辺事態」や「テロ対策」などのケースでも、この権利制限の手法が使われていく可能性は高いといえるでしょう。

【テロ特措法】「9・11事件」を受けて制定された法律のことをいいます。法律では、「我が国が国際的なテロリズムの防止及び根絶のための国際社会の取り組みに積極的かつ主体的に寄与する」ことを謳い、自衛隊による米軍などへの協力支援活動について定めています。国会の承認は、自衛隊の派遣決定後二〇日以内に得なければならないとされていますが、事後でよく国会の関与が軽視されています。現在、この法律に基づき、自衛隊はインド洋に艦船を派遣し、米軍に対して補給などの支援活動を実施しています。

憲法から見た危ないポイント

さて、憲法の観点から見ると、今回の「武力攻撃事態法案」には「踏み越えた一線」が三つあります。

まず第一に、法案八条の「国民は……必要な協力をするよう努めるものとする」という規定です。自民党国防部会は「国民の責務」をなんとか挿入したかったようですが、公明党が難色を示して、当初の案には国民の義務規定はありませんでした。それが、閣議決定前の週になって、「国民は……必要な協力をするよう努めなければならない」という八条が新設され、旧八条が九条以降に順送りされました。この時期はちょうど、内閣機密費の問題が暴露され、公明党議員も高級背広をもらっていたことが報道されました。そこで、公明党議員がひるんだ瞬間を狙って八条が挿入されたようです。しかし、閣議決定直前になって巻き返しが図られ、「努めなければならない」という表現が、「努めるものとする」にトーンダウンさせられました。政府与党内の対立が、八条をめぐる微妙な変化に投影されています。とにかく、「有事」における国民の権利制限に関する規定が盛り込まれたことは、戦後立法史のなかで一つの「到達点」を示すものです。加えて、国民の権利制限に関わる問題が、こんな政党間の駆け引きで決まってしまっていいのか、大いに疑問となるところです。

さて、八条が「努めるものとする」という緩和された表現になっても、安心できません。「お上に従う」意識が強い日本では、企業や町内会をはじめ「協力するのは当然」という雰囲気がつくられるでしょう。「国民」の協力義務ですから、「国民でない住民」(在留外国人など)とを分断する機能も果たします。

それから、法案の作成段階で、当初は医療・土木建築・運輸にたずさわる人々に対する従事命令違反の罰則規定が入っていましたが、早い時期にこれは見送られて、物資の保管命令違反だけに罰則が付きました。これも「六月以下の懲役または三〇万円以下の罰金」と軽そうに見える。でも、罰則がついたこと自体が大転換だということを認識しなくてはいけません。まず手始めに保管命令違反あたりから罰則を作っておき、これにメディアや野党、国民が慣れてしまえば、やがて従事命令などにも広げていけるわけですから。

第二のポイントは、地方自治体です。周辺事態法では自治体に対しては「協力を求めることができる」という表現でしたが、今回の法案は自治体が抵抗を示したときは首相が代執行できるとしました。「特に必要と認める場合であって、事態に照らし緊急を要するとき」には首相の直接執行も認められ、並行権限の行使が可能となっています。地方自治体の「下請け機関化」を越えて、戦後の地方自治にとって重大な問題になりえます。長野県と高知県の知事が批判的な姿勢をとるだけでなく、地方自治体の首長の戸惑いは隠せません。

第三のポイントは、国会が露骨に軽視にされていることです。そのことに議員が気づいていないことが、まさに「永田町の有事」とされる所以です。

自衛隊法では、「有事」の発動は防衛出動の段階からで、その際には国会の事前承認が原則とされています。しかし、今度の法案では。「有事」の発動が防衛出動以前の「予測」段階から可能とされ、その際の国会承認は防衛出動以外の場合では対処措置実施後でも構わないことになっています。

では、実際にやってしまってから国会が承認しなかったらどうするかというと、「速やかに終了する」。ちなみに防衛出動で同様のことが起きたら、「直ちに撤収する」となっています。法律の用語では、早い順に「直ちに」「速やかに」「遅滞なく」です。周辺事態法でも「速やかに」でしたが、これは「米軍がまだいるのに自衛隊だけ直ちに帰ったら申し訳ないから、速やかに帰ってきます」というわけですが、それと同じレベルだということです。

こうして、国民や自治体に対する強制の契機を、現実に起きる可能性が比較的少ない部分から徐々に実現していくわけです。前にも述べたように、戦後の「防衛法制」で一番欠けていたのは「防衛負担法」の分野でしたから、ここで罰則付きの法的仕組みができることは「画期的」です。やがては不審船やテロ対応などでも、権利制限条項を含めていく下地ができます。二年後に向けた緊急事態法制の「五月雨《さみだれ》式実現」といえるでしょう。

「もし攻めてしまったら」

そもそも問われなければならないのは、今こうして新たな「有事法制」を作る理由(立法事実)があるのかということです。

法律を作るにあたり、それを必要と認める事実が納得のいく形で示されているかどうかが大切です。しかし、「有事法制」を必要とする客観的事情を、まだ誰も説明できていません。たとえば西元徹也《にしもとてつや》元統幕議長は、「有事法制の必要論が盛り上がっているなか、もう一回、領域警備の問題や根本的なテロ対策に引き戻すと、また二年、三年とかかってしまう。再び、忘れ去られる危険性が十分にある」(『朝日新聞』三月八日付)と。今作らないとできない。端的にいえば、これが唯一の立法事実でしょう。

でも、実質的な理由は、**集団的自衛権**の行使を可能にすることです。今回の「武力攻撃事態」関連の三法案は、冷戦時代の「防衛型有事法制」(純粋に防衛的だったわけではない)から、集団的自衛権行使を前提とした「介入型有事法制」への転換の「萌芽」が見てとれます。

一九九六年の「**日米安保共同宣言**」、一九九七年の**日米新ガイドライン(防衛協力の指針)**(→9頁の用語解説参照)の具体化という観点から見れば、「日本有事」は米軍との共同作戦態勢の具体化でなくてはならないはずです。しかし、政府の議論はそれにあえて言及していません。二〇年前に議論した頃は、北海道にソ連軍数個師団が上陸。それを自衛隊が迎え撃つのですが、それ以上の作戦になるときは米軍の「来援」を待つ想定になっていました。つまり、「日本有事」は日本単独防衛ではなかったのです。ところが、日米新ガイドライン以降、自衛隊が「主として」担う領域がずっと増えてきました。ガイドライン関連法の成立で、アジア・太平洋地域で起こる地域紛争に米軍が介入する際、日本がこれに深く関与する仕組みができあがりました。二〇〇〇年一〇月の「アーミテージ報告」は、「より成熟した日米のパートナーシップ」を説き、沖縄駐留米軍の兵力見直しの見返りとして、集団的自衛権の行使を可能にするよう日本に求めています。こうして、ある国が日本に武力

【集団的自衛権】国連憲章五一条で初めて認められた権利。一般的には、自国と同盟関係にある他国が武力攻撃を受けた場合に、それをその国に関わる自国の死活的利益への侵害と見なして自らも反撃する権利と理解されています。仮想敵国を予定しているのが特徴です。北大西洋条約機構(NATO)などの軍事同盟の根拠とされています。仮想敵国を予定しない集団安全保障とは根本的に異なります。日本政府は、現在、集団的自衛権を保持しているが憲法上の制約から行使できないという立場をとっています。

【日米安保共同宣言】一九九六年四月に東京で開催された日米首脳会談(クリントン米大統領と橋本首相)の最終日に発表された宣言。日米安保条約に基づく日米関係がアジア太平洋地域の安定の基礎であること、米軍のプレゼンスの維持がこの地域の安定にとって不可欠であること、米軍一〇万の前方展開兵力の維持などを確認しました。日米安保体制がグローバル安保体制へと転換する転機となる宣言である。その具体化として、五

攻撃を行う事態というよりは、米軍が他国（地域）に軍事介入することに伴う事態というほうが可能性としては高まっています。以前は「波及的有事」といわれたものが、バージョンアップして、より積極的な意味づけを与えられてきたように思います。米軍が地域紛争に介入する事態が起こったとき、それに協力する日本に対して、相手側の反撃テロやコマンド部隊の攪乱活動が行われる可能性は否定できません。どこかの国が攻めてくる「有事」ではなく、どこかへ攻めていくことによって生ずる「有事」です。こうなると、「もし攻められたら」ではなく、地域紛争に軍事的に介入する可能性、つまり「もし攻めてしまったら」ということのほうがむしろリアリティを持ってきたのではないでしょうか。

ところで、集団的自衛権といえば、いかにも米国のためのようですが、実は日本のためなのです。日本の権益保護のために、自衛隊をいわば「武力による威嚇」の道具として使おうとしているわけです。大英帝国ならぬ「大円帝国」を軍事的にも維持していく。武力を外交のカードとしてきれる国への離陸が、いよいよ始まったのです。

こうした方向に対して、自衛隊内部からもためらいの声が出ています。私は日本国を守るために自衛隊に入った。だが、これは日本のためではないではないか。なんのために私は命を捨てるのか」という疑問もその一つです。つまり「誰がために死す」という最も重要な士気の部分が今問われています。

自衛隊員が任用されるときに行う宣誓書の冒頭には、「私はわが国の平和と独立を守る自衛隊の使命を自覚し……」とあります。「わが国と関係のない地域における米軍の戦争のために」死ぬとは宣誓していません。一九五四年七月一日、保安隊が自衛隊に切り替わる

カ月後に日米新ガイドライン（用語解説参照）が作られました。

とき、宣誓を拒否した保安隊員が七三〇〇人もいました。「国内の治安維持を目的とする保安隊に入ったのであって、軍隊のような防衛ならやりたくない」という理由の人もかなりいました。本当なら今、自衛隊員には宣誓のやり直しをさせなくてはならないはずです。自衛隊員とその家族の翻弄するような、国際政治的利用はやめるべきです。

以上のことを別の面からいえば、軍隊としての全属性をきちんと持ちたい。そのための必要な権限や例外を定めておく。戦後長らく抑えられていた、軍隊としての側面の法的規制緩和といっていいでしょう。

法律で明確にしたほうがいいのか?

最近、与野党を含めて若い世代の政治家たちは、戦争体験や軍隊体験がない分、きちんと法律で定めればOK、憲法で緊急権を明確にしたほうがいいというあっけらかんとした発想をします。私は、これを「条文フェティシズム」と呼んでいます。

破防法にしろ軽犯罪法にせよ、基本的人権を侵害するように運用してはならないと書いてありますが、現実は甘くはない。問題は、緊急事態に関する法律が実際にどう機能するか、運用されるかという点と、政府が運用する能力を持っているかの二点です。

阪神・淡路大震災のとき、災害対策基本法や災害救助法など既存の災害救助法制を十分に運用すればかなりのことができたにもかかわらず、政府は運用できなかった。今回の「有事法制」では「武力攻撃事態対策本部」を立ち上げるようですが、システムを作ったからといって、それを運用する政治側の能力の問題が重要です。問題は法律の条文だけではないのです。市民と政治の関係、この国の政治の構造的な問題との絡みで考えなくてはいけません。政治が腐敗し、また大人も子どもも簡単に人を殺してしまう社会の歪みのなかで、「有事法制」が暴走しない保証はかなり低くなってきています。

今回の「有事」関連法案が成立すれば、自衛隊が「国軍」になるだけでは済まない。米軍の介入戦争に協力する「軍事介入部隊」になるでしょう。とすれば、自衛隊法三条の「わが国を防衛することを主たる任務とし」という規定も変えなくてはスジが通りませんが、今回それには手をつけない。これは立法の作法としてきわめて姑息です。こんないい加減な法律で、自衛隊員に「死んでこい」と命令できるのか。

不安に便乗した「有事」思考

今、時代のキーワードを一つ挙げろといわれれば、間違いなく「不安」が選ばれるでしょう。ここ数年「有事」思考が妙に活性化している背景には、「不安の政治化」があります。今、政治、経済、社会、生活の末端まで、市民は言い知れぬ不安感に襲われている。そうした不安感はマスコミによって増幅され、市民の安全感覚に便乗した立法も次々成立しています。

他方で「有事」思考は、「不寛容」を正当化します。経済不況のなか、みんな余裕がなくなり、他人のことなどかまっていられないだけではない。自分の利益を損ないそうなものは、この際トータルに排除したい。そのほうが「万全」だという発想です。そういう気持ちが市民のなかでもパワーアップしてきます。

だから、一度「有事」という発想をした瞬間、人々は自国民中心思考に陥ります。たとえば、誰がテロリストかわからないといって、米国は一〇〇〇人ぐらいのアラブ系住民を拘束しています。六〇〇人がまだ弁護人と会わせてもらえない。明らかに憲法違反です。でも、「今回は例外だ」といって、リベラル派のなかからもこれに賛成者する人が出ています。

「有事」思考には、民族的・思想的・宗教的マジョリティを「国家」の名において統合する作用もあります。日頃「進歩的」考え方の持ち主も一緒になって、マイノリティ排除の方向に突き進むこともありうる。そして「有事法制」は、仮想敵国(民)を前提にするため、国内における当該国(民)に対する悪感情あるいは不当な取扱いが懸念されます。ここが重要です。「有事法制」が「内なる敵」をシンボライズすることで、関東大震災のときの朝鮮人虐殺につながるとまではいかないまでも、市民の間に不安感を煽る機能を果たすおそれは多分にある。このことは、ようやく日本が獲得してきた「アジアのなかの日本」という共生へのメッセージを、葬り去る可能性さえ含んでいます。

「有事」思考を超えて

私は、「有事」の思考によらない安全保障の道を一貫して提言し続けてきた者として、安全保障を国任せにしない考え方が大切だと思います。平和のアクター（担い手）は、今や国家だけでなく、NGO（非政府組織）や市民そして自治体に移ってきました（水島朝穂『武力なき平和——日本国憲法の構想力』岩波書店）。

対人地雷条約の締結など、国家だけでなく、さまざまなNGOが加わって国家中心の条約システムを変えています。こういうときに日本がなぜ、カチカチの鎧のような発想で「有事法制」を作るのか。このタイミングで「有事」関連法案を通すことは、アジア諸国や世界の市民に対して、日本が軍事行動にさらに踏み込むという誤ったメッセージを発することになります。「有事法制」の持つ重大な問題性が実はここにあります。

ヨーロッパの全欧安保協力機構（OSCE）に比肩できるような、全アジア安保協力機構（OSCA）のような安全保障の枠組みはなぜできないのか。もちろん、中国の対外政策の問題などさまざまな事情が介在していますが、なによりも日本が対米軍事協力を過度に重視しているために、アジア諸国との間でバランスのとれた地域的安全保障の枠組の形成を困難にしている面があることは否定できません。アジア地域には、ASEAN地域フォーラム（ARF）のようなゆるやかな形態も存在し、まったりと、地道に成果を挙げていきます。対立する諸国を包含する、「脅威」となりうる国を孤立させない道が大切なのです。

さて、憲法が期待する安全保障の基本には、「平和を愛する諸国民（peoples）の公正と信義に信頼」するというコンセプトがあります。また、憲法は、緊急事態に関する条項・条文を持っていません。国家緊急権に対するこの「沈黙」は、第九条の存在との絡みでいえば、軍への権力集中を含む、国家緊急権の装置の否定と解することができるでしょう。この憲法の下では、戦争や武力行使を前提とする「有事法制」は違憲となるのです。

ハーグ市民平和会議に代表されるような国境を越えた市民の連帯というポジティブな面がこれからグローバル化するというときに、9・11がこれまでの流れを逆転させてしまったわけです。これをどう再逆転させるか。市民がもう一度、「安全」の再定義をするしかないと思います。「近所にテロリストが住んでいるかもしれないから、有事法制で向き合おう」などと考えるようになったらおしまいです。「国家が安全を守ってやる」と保護義務的に上からのしかかってくるのに対して、「そんな怪しげな安全より自由のほうがいい」といって胸を張ることができるか。早晩、市民に問われてくると思います。

なお、誤解されると困るので、あえて言っておきます。「真正の緊急事態」があることは私も認めます。たとえば大規模災害、地震や火山噴火、あるいは大規模テロなども起こる可能性はあるし、その対処の問題は重要です。ところが、構想力と想像力の足りない人たちはすぐに「自衛隊を出そう」と言い出す。そのことを批判しているのです。

警察法には「緊急事態」の規定が現にあって、首相が警察力を集中運用できる。災害対策基本法などに基づき、首相は大規模災害に際してさまざまな権限を持ち、保管命令や従事命令を罰則付きで出せるのです。これらを直ちに「憲法違反だ」ということにはなりません。それは目的（災害救助、地震防災、犯罪取締りなど）に正当性があるからです。しかし、仕組みはあったのに、阪神・淡路大震災では、首相を長とする緊急災害対策本部の立ち上げが遅れた。つまり、法律や仕組みを運用できない政治の責任の問題があります。

今回「武力攻撃事態対策本部」なる組織の立ち上げが予定されています。ネーミングも含

【ハーグ平和市民会議】一八九九年の第一回ハーグ国際平和会議一〇〇周年を記念する大会として、一九九九年にオランダのハーグで開催されました。この会議には約一〇〇カ国から一万人の市民やNGO、政府代表が集まり、四〇〇を超すパネルやワークショップで戦争の廃絶と平和文化の創造について討議がなされました。会議では、「二一世紀への平和と正義のための課題」（ハーグ・アジェンダ）を採択し、一九九九年九月の国連総会に提出されました。日本からは約四〇〇人が参加しました。会議は、「公正な国際秩序のための基本一〇原則」を採択し、第一項には、「各国議会は、日本国憲法第九条のような、政府が戦争をすることを禁止する決議を採択すべきである」との原則が盛り込まれました。

めて、付け焼刃的な印象は否めない。永田町の政治の惨憺たる状況を横目で見れば、むしろ首相への権限集中こそ危ないと思います。

一方、阪神・淡路大震災のときは、住民がボランティアなどで助け合うということを、大きな犠牲のうえに身をもって体験してきました。「真正の緊急事態」に際して、自治体とも協力し、自発的に助け合おうとする新しい市民像が生まれつつあるのに、「国民は……協力するよう努めるものとする」なんていう規定で国家に統合する必要がどこにあるのでしょうか。私は、「安全」とは結局、ライフスタイルの問題だと思います。日本の市民が、「私たちの、今のこの生活を守るために、米国と組んで『悪』と戦うのだ」と本気で考えたら、他国を足蹴にして自分たちの生活を守る「帝国主義的市民」(渡辺洋三)として完成するでしょう。これは、日本国憲法が期待する市民像とは明らかに異質のものです。

今、必要なことは、「有事法制」という時代錯誤の軍事優先思考や、「もし攻められたら」といった視野の狭い、歴史の反省を欠いた「一国安全思考」に閉じこもるのではなく、アジアにしっかりと軸足を置いた、積極的な平和政策を構想し、展開することだと思います。

こうして「有事」が始まる！

Q1 「有事」は誰がどうやって認定するの？

現在、政府は三つの「有事」法案の成立をめざしています。三つの法案とは、「有事」対応の基本的な枠組みを定める、いわゆる包括法にあたる「武力攻撃事態における我が国の平和と独立並びに国及び国民の安全の確保に関する法律案」（以下、「武力攻撃事態法案」といいます）と、自衛隊法と安全保障会議設置法の改定案です。ここでは、「有事」が具体的にどのように認定されていくのか、現行の自衛隊法と、提案されている法案の両者のプロセスを比較してみたいと思います。「有事法制」が成立した場合、どのように変わるのでしょう。

▼自衛隊法との関係

自衛隊法七六条は、内閣総理大臣（以下、首相といいます）が外部からの武力攻撃（武力攻撃のおそれのある場合を含みます）に際して、わが国を防衛する必要があると認める場合に、自衛隊の出動を命ずることができると定めています。その際、首相は、原則として事前に国会の承認を得なければなりませんが、「特に緊急の必要がある場合には」承認なしでも出動を命ずることができます。ただしこの場合には、直ちに国会の承認を求めなければならず、国会が不承認の議決をしたときには直ちに撤収を命じなければなりません。また、出動の必要がなくなったときにも、やはり直ちに撤収を命じなければなりません。

さらに、防衛出動に関しては、首相の認定とは別に、安全保障会議の関与も予定されています。首相は、防衛出動の可否について会議に諮問しなければならないのです（安全保障会議設置法二条一項）。会議のメンバーには、議長役の首相のほか、内閣官房長官や外務大臣、防衛庁長官、国家公安委員会委員長などが含まれています。

会議の結果、防衛出動が可だと答申されると、舞台は国会へ移ります。国会の承認手続は、それまでが行政権内部での手続だったのと異なり、立法権によるもので、政府の判断が適切かどうかを国民に代わってチェックするという重要な役割を担っています。また、国会の承認が最後の認定手続になりますから、国会の責任はきわめて重大です。

ところで、「特に緊急」だと首相が判断したときには、事前の国会の承認を免れることができますが、ただし「緊急」の上にさらに「特に」と二重の縛りがあるように、こうした事態はきわめて例外的でなければなりません。また事後承認も、「直ちに」と書かれてあることから、「出動任務が終了した後」という意味ではなく現に出動中の間に得なければなりません。なお、「直ちに」という文言は、国会の不承認の議決があった際の自衛隊の撤収や、出動の必要がなくなったときの撤収にも用いられていますが、すべて同様の意味です。

▼「有事」の要件は

次に、提案されている法案について見てみましょう。武力攻撃事態法案によれば、①武力攻撃が発生した事態、②武力攻撃のおそれのある場合、③事態が緊迫し、武力攻撃が予測されるに至った事態という三つ場面を「武力攻撃事態」と位置づけています。「武力攻撃事態」の際には、首相は安全保障会議の答申を受けて、対処基本方針を閣議決定し、その実施のため首相が本部長を務め、全閣僚の参加する「武力攻撃事態対策本部」（以下、対策本部といいます）を設置することが予定されています。

「武力攻撃事態」とは、自衛隊に対する防衛出動か、そ

「有事」発動フローチャート

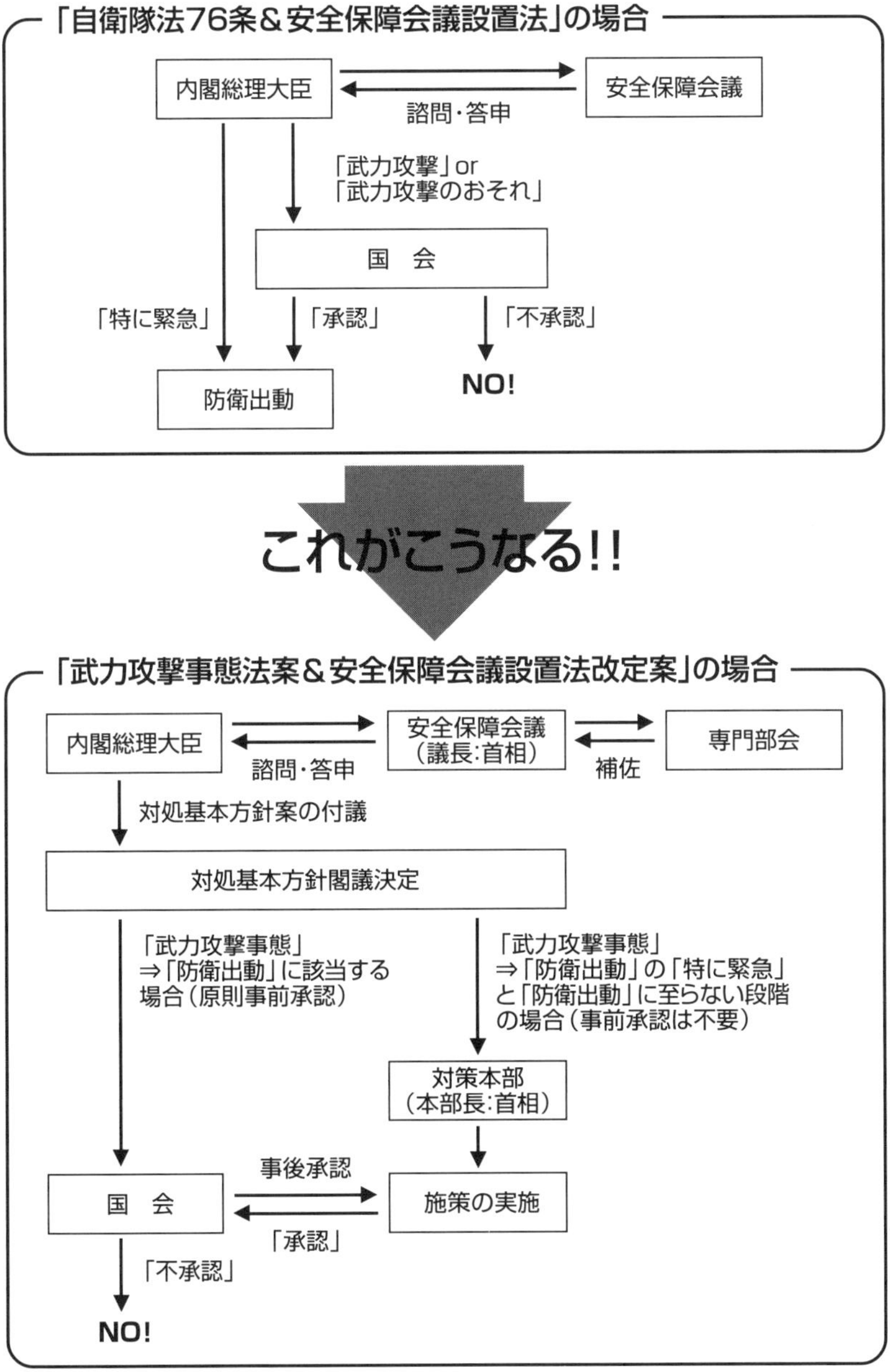

れ以前の防衛出動待機が命じられるような事態を指すとされています。主として外国からの侵略が想定されていますが、ゲリラによる限定的な攻撃やミサイル攻撃も、攻撃の継続性や規模・装備などによっては、「武力攻撃事態」と見なす方針だということです。さらに、いわゆる周辺事態も「武力攻撃事態」に見なされる場合があるといわれています。

なお、大規模テロや不審船、サイバーテロなどは、この法案には含まれていません。ただし、秋以降に別の法案としての提出が検討されています。

▼安全保障会議の機能強化とは

また、安全保障会議設置法の改定案によれば、安全保障会議の機能強化が図られることになっています。アメリカの国家安全保障会議（NSC）をモデルにして、防衛出動やそれ以前の段階で政府の最高レベルの意見調整の場とすることがめざされています。

具体的には、「武力攻撃事態」が発生した場合、首相は「対処基本方針案」の作成を安全保障会議に諮問することが義務づけられることになり、また、あわせて安全保障会議の下に、防衛庁や外務省などの幹部職員と幹部自衛官による対処専門委員会を新設することが予定されています。

今回の改定は、「有事」の際に迅速な意見集約と対処決定が可能となるような体制作りを狙ったものと解されています。

▼国会の関与

国会の関与についても大きな変更が示されています。政府は、自衛隊法七六条にいう防衛出動の国会承認手続について、武力攻撃事態法案に盛り込まれている手続に一本化することにし、武力攻撃事態法案とあわせて自衛隊法七六条の国会承認に関する部分の規定を削除する自衛隊法改定案も提出しています。現行法と法案の両方に防衛出動の国会承認に関する規定が入ることになり、手続が複雑になることが理由とされています。

では、武力攻撃事態法案の規定がどうなっているかというと、対処基本方針の閣議決定後、直ちに国会に承認を求めるとされていますが、実施前の事前承認は不要となっています（ただし、防衛出動に該当する場合には、原則として事前承認が求められることになります）。この結果、防衛出動に至らない「予測」の段階から、国会の事前承認なしに「有事」体制に入ることが可能になります。「有事」の時間軸が、どんどんと前倒しされています。しかも、対処基本方針が閣議決定されると、直ちに公示して周知を図らなければならないと定められているので、国会で承認・不承認の議論が行われる以前の段階で、首相は国民に対して広報活動を始めることができるようになります。

しかし、そうなってしまうと国会が対処基本方針に不承認を与えることは事実上困難となります。国会の位置づけを著しく後退させ、国会の役割を非常に極限させる内容といえます。

▼曖昧すぎる条文

自衛隊法と提案されている法案の「有事」認定プロセスを見てきました。では、これらの手続に問題はないのかというと、そうでもありません。私たちの生活や憲法などの観点から見て、大きな問題があります。

一つには、条文の文言が曖昧すぎるということです。たとえば、「武力攻撃のおそれ」や「特に緊急」、「武力攻撃が予測されるに至った事態」など、いずれも定義や基準が不明確で、結局、首相の判断次第ということになります。諮問機関である安全保障会議に諮ることにはなっていますが、そのメンバーである大臣の任免権は首相にあるので、会議が答申で否とすることはまず考えられません。

二つめは、濫用のおそれがあることです。一つめの問題点で見たように、認定は首相の判断に事実上かかっています。つまり、たとえば首相が「おそれ」を認定し、「特に緊急」だと判断した場合には、国会がまったく関与することなく防衛出動を命じることができてしまうのです。しかも、提案されている法案によれば、対処基本方針について事前承認が原則として必要とされるのは、「武力攻撃事態」のうちで防衛出動に該当するときだけです。防衛出動のうちでも「特に緊急」と認められる場合と、防衛出動に至らない「事態が緊迫し、武力攻撃が予測されるに至った事態」の場合には、国会の事前承認は必要とされないのです。

しかしこれは変な話です。「特に緊急」のとき以外の防衛出動は事前承認が必要なのに、どうしてそれ以前の段階であれば事前承認が必要ではないのでしょう。緊急度が防衛出動に比べて低いからというのがその理由かもしれませんが、しかし「有事」体制に入るという意味では防衛出動の場合と同じはずです。であるなら、防衛出動以前の場合でも国会の事前承認を必要とするのが、論理的にも一貫しますし、この程度は提案するにあたって最低限踏まえるべき一線だと思われます。提案されている法案は、このように認定プロセスにおける国会の位置づけが、非常に軽視されてしまっています。

しかし、「有事」体制の発動というのは、**Q2**以下でも見るように、従事命令など国民の基本的人権を制約するための大前提となるものです。それを国会の関与なしで発動できてしまうというのは、行政権の濫用を防ぐためのチェック機能という国会が果たすべき民主的コントロールの観点からいってもきわめて問題です。国民はおろか国会すら関与させることなく「有事」の発動を許してしまうこれらの法律・法案は、日本国憲法に照らしてその根本に欠陥があるといわなければなりません。

Q2 自衛隊だけじゃなく民間人にも関係あるの？

「有事」というのは、自衛隊だけに関係があるものではありません。私たちのような市民にもさまざまな影響を及ぼすものです。すでに、ＰＫＯ等協力法二六条（「国以外の者に協力を求めることができる」）や周辺事態法九条（「国以外の者に対し、必要な協力を依頼することができる」）によって、ＰＫＯ活動や周辺事態に際して、民間の人たちが国や米軍に協力するというルートは用意されています。もっとも、この条文では民間の人たちに対してあくまでも「お願い」することができるだけで、民間の人たちは協力しなければならない義務を負うわけではありません。ただし、事実上こうした規定がすでに「義務」的に機能している点には注意する必要がありま す。この点についてはＱ５でも扱います。ここでは、自衛隊法に規定してある従事命令について見ていきたいと思います。

▼従事命令に罰則を設けなかった

自衛隊法七六条（武力攻撃事態法案では同法に一本化することがめざされています）の防衛出動が下令された際には、自衛隊法一〇三条二項にある業務従事命令の適用が問題となります。一〇三条二項によれば、自衛隊が防

米海兵隊の弾薬を輸送する民間業者。「火」は火薬類の標示（一九九七年、根室市内）

衛出動を命ぜられ、防衛庁長官などが要請した場合には、都道府県知事は、自衛隊の任務遂行上とくに必要があると認めるとき、首相が定めた地域内の医療・土木建設工事・輸送従事者に対して従事することを命じることができるとされています。医療・土木建設工事・輸送従事者とは、具体的な職種は別表のとおりですが、医師や建築技術者から港湾輸送従事者やとび職まで、その対象者は実に十業種にもわたっています。現実にこれらの職業の人たちを強制的に従事させるためには、政令を制定することが必要と定められていますが、現在のところはまだ定められていません。

今回の「有事法制」議論では、この従事命令に従わなかった場合の罰則規定を設けるかどうかが一つのポイントでした。すでに、災害救助の際の従事命令を規定した災害救助法には、違反した者に対して「六箇月以下の懲役又は五万円以下の罰金に処する」という規定があり、政府・与党の一部には「有事」の際の命令の実効性を確保する見地から、同様の罰則規定の創設を求める声がありました。しかし、より「徴用」の性格が強い従事命令に罰則を設けるのは国民の理解を得られないとして、今回は見送ることに決まりました。

▼周辺事態法を補完・強化する目的

政府が民間の人たちを強制的に従事させて何をさせようと考えているのか、あるいはどのような事態が生じることを想定しているのか、別表を通じて私たちはある程度それらを窺い知ることができます。たとえば、傷病兵に対する医療や看護、弾薬などの物資や兵員の輸送、入港した艦船への燃料や食糧・水の提供などは、予定されている一例でしょう。

もっとも、本当に防衛出動が起こりうるとは、実は政府関係者も本気では考えていません。小泉首相も中谷元防衛庁長官も、日本が武力攻撃される事態は「想定されない」と国会で答弁しているのです。

では、なぜ日本に対する武力攻撃のリアリティがないにもかかわらず、これらの制定を政府・与党は強く求めているのでしょうか。小泉首相は国会で「備えあれば憂いなし」とその理由を述べ、中谷元防衛庁長官も小泉内閣メールマガジンで「平素のうちに、国家防衛のために自衛隊が迅速・効果的に行動できる根拠規定を定めておくことは是非とも必要なこと」とその必要性を訴えています。

【別表】業務従事命令の対象者

①医師、歯科医師、薬剤師、診療X線技師
②看護婦、准看護婦、看護士、准看護士、保健婦、助産婦
③土木技術者、建築技術者、建築機械技術者
④大工、左官、とび職
⑤土木業者、建築業者およびこれらの者の従業者
⑥地方鉄道業者およびその従事者
⑦軌道経営者およびその従事者
⑧自動車運送業者およびその従事者
⑨船舶運送業者およびその従事者
⑩港湾運送業者およびその従事者

しかし、これらの説明とは異なり、真の目的は、米軍に対する国民を巻き込んだ協力態勢作りにあるのではないかと考えられます。実際の機能としては、周辺事態法九条を補完・強化するような方向で用いられるのではないか、つまり本当は将来の日本には直接関係のないアメリカの戦争(アメリカ「有事」)の際に日本国民を強制的に協力させるという狙いがあるのではないか、そういった懸念が持たれます。とくに、今回の「有事法制」論議は、そもそもアメリカの国務副長官であるアーミテージ氏の特別報告に端を発しているともいわれ、さらに中谷元防衛庁長官が、「有事」発動の対象には「周辺事態」も含まれると述べていることから、こうした懸念は深まるばかりです。

また、この種の法案作りではしばしば用いられている手法なのですが、いったんある法律を制定させてしまうと、後で他の場面を規律する法律を作ろうとする場合にも、すでにでき上がっている法律の条文を「準用する」と書き込むだけで済ませてしまうという方法があって、このほうが国民の間で注目を集めることも少ないので、政府の側では好まれています。

ですから、小泉首相などは「備えあれば」といったようなことを国会では言っていますが、その先に実際には何が待っているのか、注意深く観察していく必要があります。

▼業務従事命令を発令する際の基準は

ところで、このように強制的に国民を従事させるという内容は、私たちの市民生活にも大きな変容をもたらすものですが、法的にもたいへんに問題があります。まず業務従事命令を発令する際の基準ですが、それが「自衛隊の任務遂行上特に必要があると認めるとき」では、あまりにも抽象的すぎて曖昧です。また、従事期間や従事地域の範囲について何の言及もありません。さらに、このように基準が全然明確でないにもかかわらず、従事命令が下された者は、それに対して行政上の不服申立を行うことができないと定められています。

これでは、政府はただ従事しろと命令しさえすれば、広範な職種の国民を期限も地域も無限定・無制限のまま

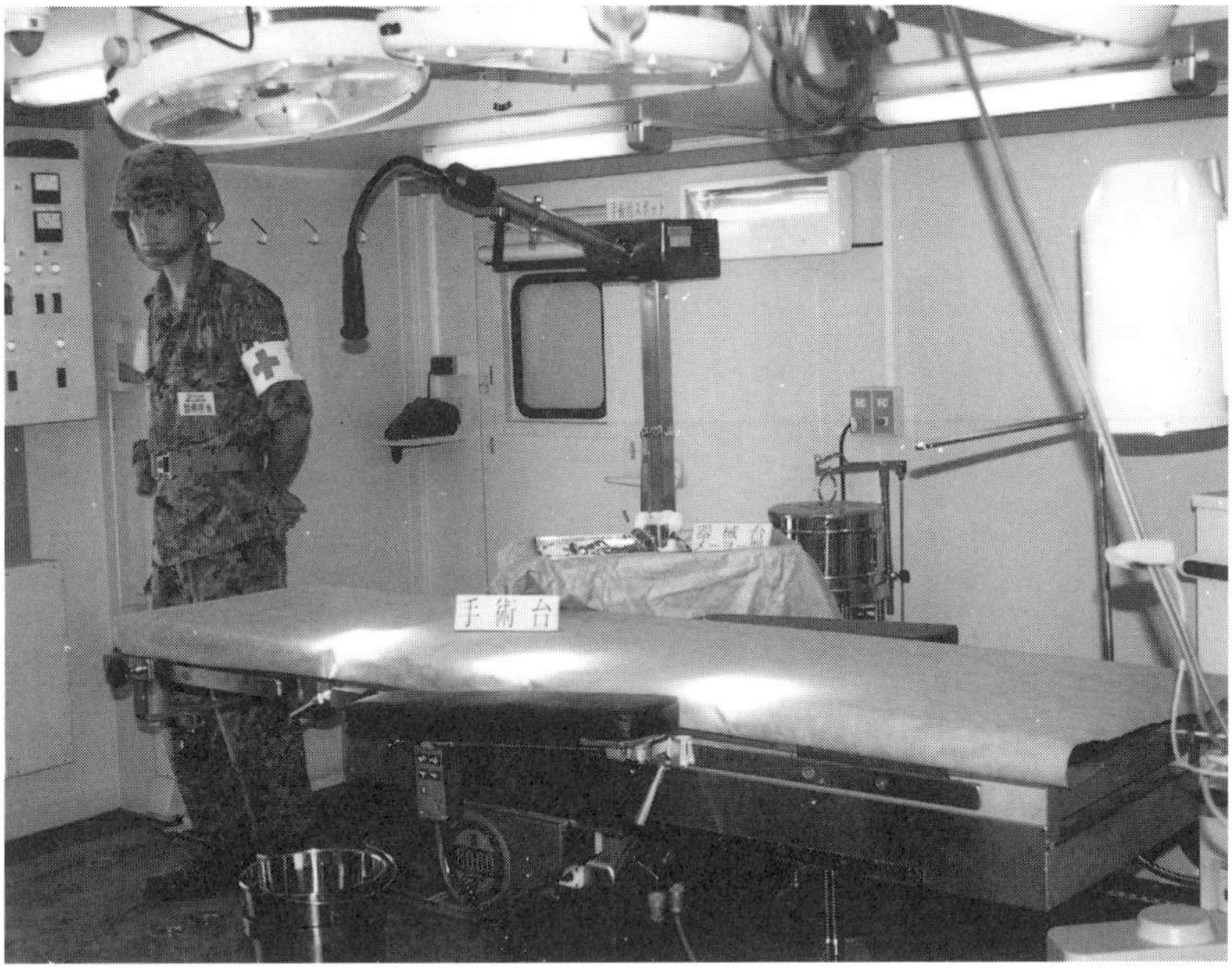

野外手術システムの内部（二〇〇〇年九月、東京・篠崎緑地＝水島撮影）

強制的に従事させられることになり、一方の国民の側はそれを拒否することもその不当性を争う機会も保障されないということになってしまいます。憲法一八条では、何人も犯罪による処罰を除いては意に反する苦役に服させられないとありますが、こうした内容はこの規定に正面から衝突します。また、憲法三一条では適正手続の保障も認められていますが、この点からも問題です。

このような政府・与党の動きに対して、実際に従事させられるおそれのある職種の人たちを中心に反対の声があがっています。陸・空・海・港湾の労組二〇団体は、「有事法制」について、「周辺事態法を発動して、交通運輸関係労働者をはじめ、多くの労働者・国民を軍事的に動員することを想定したもの」として反対を表明し、「自らが加害者になることも、被害者になることも拒否する」との声明を出しています（二〇〇二年二月二六日）。今後、こうした動きはますます強くなるでしょうが、主権者である国民一人一人がはっきりと意思表示をするという意味でも、非常に有意義なことだといえます。

なんでも自衛隊優先っていわれても……

Q3 自分の財産も規制を受けるの？

防衛出動が下令されると、Q2の「人」だけではなく、「物」にも大きな影響が出ることになります。土地や家屋から食糧や衣服に至るまで、広範な「物」がそこでは対象とされています。これらに関わる規定は、自衛隊法一〇三条一項と二項にあります。ここでは、その内容について見ていくことにしましょう。

▼罰則規定を創設

自衛隊法一〇三条一項は、自衛隊に防衛出動が下令され、その行動に関わる地域において自衛隊の任務遂行上必要があると認められる場合には、都道府県知事は、防衛庁長官などの要請に基づいて、病院・診療所やその他の施設を管理し、土地や家屋、物資を使用し、物資の生産・集荷・販売・配給・保管・輸送を業とする者に対して物資の保管を命じ、またはこれらの物資を収用することができると定めています（別表参照）。しかも、緊急を要すると認めるときは、防衛庁長官などは、都道府県知事に通知さえすれば、自らこれらの権限を行うことができるとしています。また二項では、自衛隊の任務遂行上「特に」必要があると認めるときには、都道府県知事は、自衛隊の行動に関わる地域以外でも、首相が定めた地域内ではこれらの権限を行使することができると定めてい

【別表】使用または収用、管理の対象となる物資

使用または収用となる物資

・食糧、加工食糧品、飲料
・自衛隊の用に適する被服
・自衛隊の用に適する医療品、医療機械器具その他の衛生用資材
・自衛隊の用に適する通信用器材、資材
・装備品等の修理、整備に必要な器材、資材
・土木建築用器材、資材、照明用器材、資材
・燃料、電力
・船舶、車両、航空機、その他輸送器材、資材

管理の対象となる施設

・病院、診療所
・倉庫、学校の体育館、校庭
・自動車修理工場など

ます。なお、こうした処分について、不服申立を行うことは禁止されています。

以上のような施設管理や土地使用、物資保管命令、物資収用などに関する必要な手続は、政令で定めるとされていますが、これは現在のところはまだ制定されていません。しかし今回、政府は物資確保に実効性を持たせる見地から、物資保管などの命令に従わなかった者に対して、「六ヵ月以下の懲役または三〇万円以下の罰金」を科す罰則規定を創設することにしています。さらに、強制収用した土地や物資の所有者に対する補償についての規定も、今回の法案には盛り込まれています。武力攻撃事態法案では、国民が被った損失に対して、国の責務として必要な財政上の措置を取ることを明記しています。ただし、具体的な手続は政令で定めることになっています。

ところで、政府はこれらの施設を管理したり物資を収用したりして、いったい何に用いるつもりなのでしょうか。食糧や医療品、被服などの収用目的は、はっきりしていて理解しやすいのですが、たとえば学校の体育館や

校庭などは、燃料や弾薬などの保管場所として、あるいは自動車修理工場は、装備品などの応急修理の場所として、それぞれ予定されているようです。さらに、必要とされる地域にある私有地も使用の対象となっていますが、これは陣地構築などの目的に利用され、場合によっては家屋などの地上の施設や工作物が撤去されることになっています。

▼きわめて曖昧な規定

以上のような施設管理や土地使用、物資保管命令、物資収用などの一連の規定は、法的にも重大な問題を含んでいます。収用したり使用したりする際の基準は、「自衛隊の任務遂行上必要と認められるとき」となっていますが、それによって個人の財産権や営業の自由が侵害されることを考えると、この規定はきわめて曖昧だといわなければなりません。

憲法一三条や二二条、二九条にある「公共の福祉」を根拠に、ある程度の人権の制限はやむをえないのではないかという意見もあるようですが、しかし憲法のいう「公共の福祉」とは、人権が衝突した際の調整原理を指すのであって、あくまでも基本的人権を全体として実現させようとするものです。決して、個人の権利に優先する「全体の利益」というものを認めたものではないのです。

小泉首相は、「有事法制を考える場合には、公共の利益のためにどの程度非常時において基本的人権が制約されるのもやむをえないか、議論しなければならない」などと述べていますが、憲法はそのような全体主義的な考え方とは無縁であり、むしろそれを積極的に否定しているということは、この時期とくに強調されてよいと思います。「公共の福祉」や「全体の利益」ということのみが強調されていますが、その中身が何なのか、「公共性」の内容をきちんと精査していく必要があります。

日本国憲法は、前文や九条などによって、軍事的なものを優先させるという考え方を改め、軍事的なものに価値を見出すという態度を放棄しています。したがって、「公共性」といっても軍事的な色彩のものは認められないのです。政府は、自分たちが「公共性」を独占し、その中身を自由に決定できるかのような言いまわしをしていま

「ビックレスキュー2000」における天幕群（二〇〇〇年九月、東京・篠崎緑地＝水島撮影）

すが、政府といえども憲法に拘束され、政府の権能も憲法によって限界づけられている以上、「公共性」の内容は憲法の原理原則に合致したものでなければなりません。

こうしたことから、主権者である私たち市民は、政府のいう「公共性」とは何なのか、絶えず検討していく必要があります。と同時に、それとは異なる「公共性」――それは基本的人権の尊重や平和主義といった憲法の原理原則に合致したものである必要があります――を追求し、その実現をめざしていく不断の努力も、私たちには求められているといえます。

地方自治体は政府の下請機関に

Q4 「有事法制」でほかに変わることは？

ここでは、Q3までで紹介していない内容について、とくに重要なものに絞って見ていきたいと思います。

▼非常に強い強制力

国民生活に大きく関係があるものから見ていきましょう。まず大問題なのは、今回の法案が、政府や自治体などが対処する際に、「国民は……必要な協力をするよう努めるものとする」と明記したことです。このような努力義務規定は、物資保管命令違反者に対する罰則と相まって、事実上非常に強い強制力を持つことになります。良心の自由にも抵触します。

また法案では、対策本部が設置された場合には、首相は対策本部長の求めに応じて、NHKやJR、電気・ガス会社、NTT、日本銀行、日本赤十字社などを指定公共機関に指定して、必要な指示を出すことができると定めてあります（別表参照）。首相が対策本部長（つまり首相）の求めに応じてというのが条文ですが、要するに首相の「一人芝居」によって、国から自由であるはずの民間企業にまで指示権を及ぼそうという内容になっています。

この指定公共機関に指定されると、「その業務について、必要な措置を実施する責務を有する」ことになり、指定公共機関の従業員の人たちは、職務命令という形で動

【 別表 】災害対策基本法に基づく指定公共機関の例

○マスコミ	日本放送協会(NHK)、民放各局(現在検討中)
○通信	NTT、NTT東日本、NTT西日本、NTTコミュニケーションズ、NTTドコモ、KDDI
○電力	北海道電力、東北電力、東京電力、北陸電力、中部電力、関西電力、中国電力、四国電力、九州電力、沖縄電力、日本原子力発電株式会社、電源開発株式会社
○ガス	東京ガス、大阪ガス、東邦ガス
○原子力	核燃料サイクル開発機構、日本原子力研究所、独立行政法人放射線医学総合研究所
○ダム	水資源開発公団
○鉄道	JR北海道、JR東日本、JR東海、JR西日本、JR四国、JR九州、JR貨物
○輸送	日本通運
○空港	新東京国際空港公団、関西国際空港株式会社
○道路	日本道路公団、首都高速道路公団、本州四国連絡橋公団、阪神高速道路公団
○金融	日本銀行
○医療	日本赤十字社
○研究機関	独立行政法人消防研究所、独立行政法人防災科学技術研究所など

員される危険性も出てきます。国民のライフラインに関わる機関を首相の下に置き、指定公共機関に対しては協力を「責務」とし、国民に対しては「協力」を努力義務とするというきわめて強権的な方向性が打ち出されています。

加えて、首相に「重大緊急事態」の布告権限を与えるようにし、それが布告された地域では、①生活必需物資の配給・譲渡・引き渡しの制限または禁止、②物の価格または役務の給付の最高額の決定、③金銭債務の支払い延期と権利の保存期間延長などについて、政令で定めることができるようにすることもあわせて検討されています。

▼政府と自治体との関係

次に、政府と自治体の関係も問題となっています。武力攻撃事態法案では、「基本理念」の中で、国と自治体の役割分担について、国が「事態への対処に関する主要な役割」、自治体が「国の方針に基づく措置の実施その他適切な役割」としています。こうした考え方から、首相を本部長とする対策本部が設置された場合には、国は自治体との総合調整を行うとともに、首相は「地方公共団体の長等に対し、当該措置の実施を指示することができる」と自治体への指示権限も明記されています。しかも、自治体が指示に従わない場合や「特に」必要があり緊急を要するとされる場合には、首相は別の法律で定めるところに従って代執行や直接執行の措置をとることができるとされ、国の関与が完全に貫徹されています。

なお、この対策本部ですが、地方ごとに設けることになっています。陸上自衛隊の北部（札幌市）、東北（仙台市）、東部（東京・練馬区）、中部（兵庫・伊丹市）、西部（熊本市）の各方面隊ごとに設置される予定で、知事や自衛隊の現地司令官らが参加する見通しです。現地対策本部も設置される予定です。

またあわせて、米軍に対して物品や施設、役務の提供を行うなど、自治体が米軍を支援することも明文化されています。政府としては、「有事」への対応を迅速かつ一元的に行うためにも、自治体への指示や代執行などは不可欠と考えているのでしょうが、指示の中身については明確にされないまま白紙委任的な規定になっており、指示の中身をめぐって懸念が持たれています。

法案では、このような批判を避けるためか、閣議決定の直前になって自治体に意見陳述権を認めることを突然盛り込みましたが、政府が自治体に配慮する可能性は実際にはほとんどありません。

そもそも、自治体が意見を言いたければ政府は聞いてやるという発想自体が、あるべき政府と自治体の関係ではありません。本来、政府と自治体は、上下関係に立つものではないのです。すでに、地方分権一括法と関連法の改定のなかにも「有事法制」は盛り込まれていますが、自治体を中央の「下請け」機関のように考えることは憲法に照らしても誤っています。一方で「地方分権の推進」を謳いつつ、他方で協力を「強制」させるという矛盾した施策が政府によって着々と進められていますが、この点は見過ごされるべきではありません。

さらに、自治体の米軍への支援については、周辺事態法では強制されていなかったものが、今回の法案では政府が自治体に強制力をもって指示できることになってお

北海道大演習場に隣接する道路の標識（一九八五年一〇月＝水島撮影）

り、法的拘束力を伴う形で実施されることになります。この点も地方自治の本旨を根底から覆すもので非常に問題です。

加えて、防衛出動以前の段階での自衛隊員の武器使用権限の拡大も問題となっています。自衛隊法改定案によれば、防衛長官は防衛出動命令の発令が予想される場合、あらかじめ地域（展開予定地域）を定め、自衛隊に陣地構築などを命じることができるようにすることがめざされています。この場合、自衛官は自らを防護するため、「合理的に必要と判断される限度で武器を使用することができる」とされています。現行法では、防衛出動時の「武力行使」は認められていますが、待機命令時の規定は定められていません。

▼今後の法制整備

なお、武力攻撃事態法案には、このほかに今後の法制整備の項目として、警報の発令や避難の指示、保健衛生の確保および社会秩序維持に関する措置、輸送および通信に関する措置、国民の生活の安定に関する措置、捕虜の取扱いに関する措置、電波の利用その他通信に関する措置、米軍が日米安保条約に従って武力攻撃の排除のために実施する行動を円滑かつ効果的にするための措置などが盛り込まれることになっており、こうした内容を含む関連法を二年以内に提出するとしています。そして、さしあたって今年の秋の国会に、「テロ法案」と国際人道関連の法案を提出することを検討しています。

「テロ法案」は、大規模テロや「不審船」などの緊急事態への対応を規定するもので、政府は、緊急事態を「日本への武力攻撃に至らない事態」と位置づけ、具体的には、①核、化学、生物兵器などを使用したテロ、②武装不審船、③コンピューターに侵入・破壊するサイバーテロなどを想定しています。法案には、テロなどに機動的に対応できるように自衛隊や警察に新たな任務や権限を付与することや、自衛隊と警察、海上保安庁の役割分担、自衛隊と警察との連携強化の具体策などを盛り込むことを検討しています。自衛隊法改定案などの個別法の改定とするのか、「緊急事態関連法案」(仮称)といった包括的な新法とするかは、今後調整することになっています。

また、国際人道関連の法案は、捕虜の人道的な扱いなどを定めたジュネーブ条約を有効に機能させるためのもので、具体的には、戦争犯罪人の処罰、捕虜の待遇、傷病者らの扱い、文民保護などについて規定することが検討されています。

いくつか検討されている内容を見てきましたが、一言でいって軍事的合理性の貫徹を正面から主張できるようになってきたというのが、最近の議論の特徴です。各国の緊急事態法制では当然に見られるさまざまな工夫、とくに議会関与の仕組みや国と地方の関係などについて、政府案ではほとんど省みられていません。逆に政令事項を格段に増やすことで、法律ではなく内閣の命令(政令)で国民の権利に関わる重要なことがらを処理しようとしています。「国会が行政を統制するのではなく、首相が行政を統制する」という中央省庁再編以来の命題が、「有事法制」の議論でも一貫されているのです。こうして市民生活にとっても重大な問題が、国民的な議論もないまま進められてしまっているというのが、今日の状況です。

沖縄や地方から見えてくるもの

Q5 これまでに「有事法制」はなかったの？

ここまでは政府が新たに整備をめざしている内容を見てきました。ただ、「有事法制」といってもすでに整備されているものもあります。そのなかから市民生活と関わりが深いものをいくつか見ていきたいと思います。

▼協力の「押しつけ」

周辺事態法九条二項は、周辺事態に際し、国以外の者に必要な協力を依頼することができるとしています。協力内容としては、人や物資の輸送、廃棄物の処理、傷病兵の受入れ、物品・施設の貸与、船舶・航空会社の協力、自治体による給水などが考えられます。ただし、「依頼」とあるように単なる「お願い」で、法的義務は課されません。しかし、特別地方交付税や補助金での見返りが期待され、税制上の優遇措置を手段とした協力の「押しつけ」が問題となります。

事実、この種の協力が日常化しているものもあります。たとえば、米軍の実弾砲撃演習が各地で実施されていますが、部隊や武器の移動には民間業者が関与しています。具体的には、隊員の移動に全日空のチャーター機や国際興業のバスなどが利用されたりしています。また、日本通運や日本海運は砲門や弾薬を輸送しています。日常的に、一般道や高速道路を日通のペリカン便が弾薬などを載せて運んでいるのです。さらに米艦船が入港することもあります。小樽港に空母インディペンデンスが入港した際には、小樽市が給水を行い、三七トンものゴミ処分を引き受けました。野菜やパンが積み込まれ、NTT回線への接続や屎尿処理なども実施されました。また、機動隊が立入禁止区域でのデモ規制にあたるという「支援」も行われました。このほか、米軍機の空港利用も目立っています。とくに、長崎、福岡、仙台などの利用はずば抜けています。米軍による民間港や空港などの軍事利用は、このように着実に進められています。

さらに、こうした傾向を受けて、自治体の一部には米軍への協力を具体化する動きも出てきました。たとえば、秋田県は「危機管理計画」の中に「周辺事態安全確保法の発動」を挙げ、岩手県も同様に「危機管理対応方針」の中に周辺事態を含めるという実態があります。さらに滋賀県、三重県なども対応体制をすでに一定確立させており、広島県も対応マニュアル作りに着手しています。

さて、民間への協力依頼の問題点についてですが、まず協力にはきりがないということがあります。そもそも「周辺事態」の定義が不明確ですし、協力を求められるのがいつどんな場面なのかはっきりしていません。また、武器などの輸送は武力行使と同視されるおそれがあり、相手国からは戦争加担行為として標的にされるかもしれません。さらに、一般に民間の人たちは政府と異なり情報を得にくい立場にありますが、そうしたなかでの協力は非常に高いリスクを負わされることになります。

ところで、企業や自治体が協力に応じた場合にも、現実に従事するのは一般の従業員です。彼らが業務従事を拒否できるかどうかは大問題です。実際には、拒否すると懲戒処分を受けるおそれがありますが、過去には「通常予測される危険と異なる軍事上の危険」があり、「生命・身体に対する重大な危険の存在」が認められる場合には、「労働義務の本来的限界として就労義務を負わない」とする判例があり、参考にされるべきです(千代田丸事件最高裁判決)。

▼有事を先取りされる沖縄

次は、米軍用地特措法です。これは、安保条約で米軍

輸送艦「おおすみ」から出撃する八二式指揮通信車（二〇〇〇年九月＝水島撮影）

への施設提供義務を負っている日本政府が、義務を履行するための特別法です。沖縄以外では四〇年以上にわたって適用されていない法律ですが、沖縄では今日までたびたび問題になってきました。

歴史的な話になりますが、もともと沖縄の広大な軍用地は、ほとんどが戦後すぐに県民から取り上げたものです。新崎盛暉・沖縄大学教授は、次のように述べています。「沖縄における米軍用地の接収は、沖縄戦が終了して、生き残った住民が収容所に入れられていた時点から始まっていた。というよりも、収容所以外はすべて米軍用地で、米軍が必要としなくなった土地が住民に開放されたといったほうが正確である」（『世界』一九九五年一二月号五四頁）。

その後、米軍は接収した土地を合法化するために「黙契」という概念を作りました。これは、地主との「契約」を米軍が一方的に「擬制」すること、つまり地主には土地を米軍に貸す意思はないのに意思があるように見なすことを意味しました。そのうえ、朝鮮戦争で基地の拡張を必要とした米軍は、「銃剣とブルドーザー」と呼ばれる暴力的な方法で接収を強行しました。

一九七二年、沖縄は日本に復帰し、「契約」当事者は日本政府に代わりました。これで状況は変わるはずでした。しかし、米軍の力づくの土地取上げは、日本の法律によって正当化されてしまいました。復帰前に公用地だった土地は、地主の意思に関係なく復帰後五年間は公用地として使用することができるという、公用地法がそれです。

その後、公用地法が期限切れになると、今度は地籍明確化法が制定され、さらには米軍用地特措法が発動されました。日本政府は、戦後も一貫して沖縄を放置したのです(「放置国家」)。

米軍や日本政府のこうした姿勢は、当然反発を受けました。反戦地主と呼ばれる人たちの誕生です。米軍に自分たちの土地を貸すことが間接的な戦争協力につながると考える反戦地主は、「軍用地を生活と生産の場に」をスローガンに土地を貸すことを長年にわたって拒んできました。米軍用地特措法は、そうした反戦地主の土地を強制使用するために発動されたのです。

しかも一九九七年には、同法で定められた収用手続に従っていては土地の不法占拠状態が生じかねないと判断するや、これを改定し、使用期限切れの土地についても暫定使用権を認めることにしました。これは、国から独立した収用委員会の権限を事実上奪うもので、国が強制使用の申請さえすれば、委員会の審理と裁決が期限に間に合わなくても、「暫定使用」ということでいつまでも米軍に土地を提供することができるという内容でした。基地の維持という結論が先にあって、法的根拠はそれに後づけされたのでした。

財産権や適正手続を侵害するこうした法改定が、国会議員の八割の賛成で成立しました(日本共産党のみが明確に反対)。この改定は、日本国が「放置国家」のみならず、自分に不利と見れば「ゲームの途中でもルールを変更」してはばからない「法恥国家」であることをさらけ出しています。沖縄県民にとって、これはまさに「有事法制」です。

▼自然災害には災害対策基本法が

ところで、緊急事態には風水害や大地震などの事態も含まれます。最後に、これらに対応する現行法をいくつか簡単に見ておきましょう。

自然災害については災害対策基本法があります。一〇五条一項では、非常災害が発生し、国の経済や公共の福祉に重大な影響を及ぼすほどの場合で、災害応急対策を推進するため特別の必要があると認めるときは、首相は閣議にかけて災害緊急事態の布告を発することができるとされています。また一〇九条一項では、災害緊急事態に際して、国の経済秩序や公共の福祉を確保するため緊急の必要がある場合で、国会閉会中や臨時会を召集するいとまがないときは、内閣は、①生活必需物資の配給・譲渡・引渡しの制限もしくは禁止、②物の価格または役務その他の給付の対価の最高額の決定、③金銭債務の支払いの延期および権利の保存期間の延長、について政令を制定することができると定めています。

このほか、災害救助法は、必要な強制措置や立入検査、従事命令、協力命令、物資の収用、通信設備の優先使用といった規定を含んでいます。

また、大規模地震対策特措法は、住民の責務や市町村長の指示、警察官の警告・指示、交通の禁止・制限などを定めています。

これらの規定の合憲性については、法律の明確な委任があるか、委任事項の範囲が具体的に規定されているかなどの観点から、無限定にならないよう慎重に判断される必要があります。とくに、災害救助の際には自衛隊が関与することも皆無ではないことから、安易に運用されることのないよう、つねにこうした措置に対する批判的な検討が必要です。

また、規定の文言が今回提案されている「有事法制」の文言と似通っているものもありますが、両者には立法目的において根本的な相違があることは、看過されてはいけません。

【千代田丸事件】危険な海域への出航と労働契約の内容との関係が問われた事件。一九五五年に韓国の李承晩大統領が、いわゆる李承晩ラインを設定して、これを越える日本の漁船などを拿捕・撃沈すると発表しました。その李承晩ライン内の朝鮮海峡での作業が問われたのが本件です。最高裁判所は、李承晩ライン内の朝鮮海峡での危険性は、千代田丸乗組員に対して、その意に反して出航の義務の強制を余儀なくされるものとは認めがたく、解雇は妥当性・合理性を欠き、合理的裁量権を逸脱して無効であると判示しました(一九六八年一二月二四日判決)。

NKH（日本官製放送協会）？

Q6 マスメディアはどうなるの？

今議論されている「有事法制」は、マスメディアを直接の規制対象とするものではありません。しかし、直接の規制対象ではないからといって、「有事法制」がマスメディアに何の影響も与えないわけではありません。ここでは、どのような影響を受けることが予想されるのか、この点について見ていきたいと思います。

▼9・11事件以降のマスメディア

「有事」のマスメディアへの影響を考えるには、昨年の九月一一日にニューヨークで起きた事件（以下、9・11といいます）とその後の経過がよい参考になると思います。九月一一日以降、マスメディアはどう変わったのでしょうか。

インターナショナル・ヘラルド・トリビューンという英字紙は、九月一三日から連日にわたって、一面の紙名の上に一行メッセージを掲げました。

AMERICA IN SHOCK（ショックのアメリカ）

TRACKING THE TERRORISTS（テロリストを追跡中）

AMERICA PREPARES FOR WAR（アメリカは戦争を覚悟する）

BUSH TO MILITARY: 'GET READY'（ブッシュ、軍へ――「準備せよ」）

こうしたメッセージは、その日の紙面内容を特徴づける目的もあったのかもしれませんが、起承転結があるかのような「物語」的展開は、現実には読者を特定の方向に向かわせる効果を非常に強く持っていました。また、9・11で亡くなった人たちは、マスメディアによって画一化・抽象化されてしまいました。実際には、中南米をはじめとしてさまざまな国籍と多様なバックボーンを持つ人たちが犠牲になったにもかかわらず、報道は犠牲者を「善良で無垢な市民」として匿名化し、とくに消防士や警察官は国に命を捧げた「ヒーロー」として扱われました。もちろん、個人の生活ぶりや個々の具体的な死が報じられなかったわけではありません。レポートや証言なども含めてかなりの報道がありました。しかし、そこでも実際に登場するのは、模範的なアメリカ市民に限られていました。

テレビのほうでは、アメリカ政府がビンラディンの登場する放送局の映像放映を制限しようと圧力をかけたことがありました。また、ある番組の司会者が、「テロリスト以上に、(イラクに)巡航ミサイルを撃ち込んだアメリカも卑劣だった」と発言すると、テレビ局に抗議電話が殺到し、番組が一時休止するという事態もありました。これ以降には、司会者やコメディアンが事件に触れる際には、「政治的に正しい」とされる言葉を慎重に選ぶようになり、お笑い番組の司会者が、「ブッシュ大統領の悪口は言いません」と宣言するなど、テレビ番組全体が〝自粛ムード〟に包まれました。

9・11以後、マスメディアはいったいどのような役割を演じたのでしょうか。そこでは、ブッシュ政権を支持する報道が圧倒的に多く、アフガニスタンへの空爆を批判する報道は圧倒的に少数でした。

また、実際に報復戦争が始まると、途端に情報不足となりました。誤解のないようにいいますと、情報の量は洪水のように非常に多かった、しかし情報の幅がきわめて乏しかったのです。戦闘の場面、ターゲットに照準を当てて爆弾を投下するシーン、馬にまたがる特殊部隊などなど、テレビで流れる映像は、ほとんどすべてといっていいほど、アメリカ政府が一方的に選択して提供したものでした。各局の特派員からのリポートもありましたが、多くは隣国であるパキスタンなどからのもので、現地に入ること自体が困難な状況でした。

そうしたなかで空爆は行われていたのです。実際にアフガニスタンで何が起きているのか、なかなか事実は知らされませんでした。情報化社会などといわれていますが、情報統制が行われ、多チャンネル時代にもかかわらず一つのニュースソースからしか情報を得られないという、逆説的な一面もそこにはあったのです。私たちの目に見えない戦争、それがアフガニスタンの現実だったように思います。

▼自国偏重の国民的「気分」を醸成

9・11以後は、こうしたマスメディアのもと、政府の立場はそのまま無批判かつ大量に垂れ流され続けました。そしてそうしたマスメディアのありようは、ブッシュ政権の性格とも相まって、一面的で自国偏重の国民的「気分」を醸成し、「われわれアメリカ人」という共同体意識を形成するのに相当の役割を果たしたように見受けられます。一方その陰で、政権や報復に批判的な人たちは、発言を躊躇したり沈黙することを余儀なくされました。また、積極的に発言しても報道で扱われないということも少なくありませんでした。「事件後のアメリカには自分の考えを自由に発言できる雰囲気はなかった」と述べるヨーロッパの哲学者もいました。

9・11とその後の推移は結局、少なくない人の思想・表現の自由に萎縮効果を与えることとなってしまいました。しかも今回の場合は、マスメディア自身がかなりの程度自覚的に、社や局の方針としてそうした選択を行ってきたという側面があります。しかしその結果、多様な見解がマスメディアを通じて十分には伝えられず、政権に対して批判的な意見も表面的には減少してしまい、さらには批判的な意見を述べること自体があたかも反国家的であるかのような空気が形成されてしまいました。

こうした状況のなかで、市民はさまざまな問題について多角的に考える材料を提供されないままに、日々ナショナルな「われわれ」意識を受容しつつ、「アメリカ人」であることを再確認するというプロセスを繰り返すことになったのです。こうしたプロセスに違和感を覚えたの

戦前日本の隣組防空群で配られた絵はがき(一九四二年=水島蔵)

は、「われわれ」意識を持たない社会的マイノリティの人たちでした(この点については、Q9で見ます)。

かつて、アメリカ独立宣言を起草したトーマス・ジェファーソンは、「新聞なき政府」と「政府なき新聞」のどちらを選ぶかと問われれば、躊躇なく後者を選ぶと述べ、新聞が持つ権力批判の役割と権力からの独立の重要性を強調しました。ただ、残念ながら9・11後のマスメディアのありようは、そうした権力批判と権力からの独立において十分ではありませんでした。また、多くの国民もそうしたマスメディアのありように批判的ではありませんでした。

しかし、多様な見解を社会に流通させることは、「今日の少数者が明日の多数者になる」という民主主義の健全な発展のためにも不可欠のことです。そして本来、マスメディアの役割と本質は、それに資するところにあるはずです。「有事」という考え方は、寛容な態度に厳しく、批判を排除する傾向が非常に強いものです。「有事法制」は、マスメディアの存在理由からしても、決して望ましいものではありません。

学校に自衛隊がやって来る！

Q7 教育にも影響があるの？

「有事法制」の整備が進むと、教育の理念はどのような影響を受け、教育現場にどのような変化があるのでしょうか。教育に対するインパクトを考えてみたいと思います。

▼教育の目標に変化が……

「有事」という発想を成立させ維持するためには、国民を国家と同視させ（一体化）、国家の一員であることを強く意識させつつ（統合化）、その国家を自らに優先させる（全体化）、といった考え方が根本において必要です。このような一体化・統合化・全体化という考え方を国民一人一人に浸透させる役割を、教育は引き受けることになると思われます。そしてそこでは、国家に対して協力的であるべきことを各人に体得させることが、教育の目標として積極的に位置づけられることになります。

このような役割と目標を実現させるため、日常的に国家が教育現場に持ち込まれ、その一員であることが時々の機会を通じて意識させられるようになるでしょう。ナショナルなものが強調され、ナショナルな感覚の共有がめざされるわけです。その方法としては、多種多様なものが考えられますが、いずれにせよ教科書の内容から授業方法に至るまで徹底したものになるはずです。具体的

パソコンを習う小学生

には、国家主義的な道徳規範が重視されたり、歴史教育のあり方にしても自国に「誇り」を持てるような内容へとシフトされることになるでしょう。憲法教育にしても、さらに軽視されることになると思われます。また、五感に訴えやすく、しかもシンボリックな旗や歌なども、当然多用されることになります。そしてその場合、「日の丸」や「君が代」の教育現場における強制は、これまで以上に厳しいものとなるでしょう。加えて、防災訓練などの機会が、こうした目的のために積極的に活用されることも考えられます。

二〇〇一年九月一日に行われた東京都の〝ビッグレスキュー2001〟では、多摩南高校の校内に自衛隊が入り、生徒もボランティアとして訓練に参加するということがありました。ある教師は、「教師のほとんどが訓練には反対していた。始業式ができず四日に先延ばしになったことで授業に影響が出るし、自衛隊が学校内に入ることにも違和感を感じる。保護者からの抗議も多かった」（『東京新聞』二〇〇一年九月二日）と述べていましたが、「有事法制」が整備されると、むしろこうした訓練は一般化し、次第に軍事色の強いものに変質していくことになるかもしれません。

さらに、自衛隊のリクルート現場としての意味あいが増していくことも予想されます。自衛隊員が、勧誘という名のもとで、教育現場に出入りすることが日常化しないとも限りません。

▼教育基本法の改定も

ところで、教育基本法は、前文で「個人の尊厳を重んじ、真理と平和を希求する人間の育成を帰する」と教育の理念を定め、また一条で「教育は、人格の完成をめざし、平和的な国家及び社会の形成者として、……自主的精神に充ちた心身ともに健康な国民の育成を期しておこなわなければならない」と、教育の目的を明らかにしています。戦後日本の教育は、戦前の国家主義教育・軍国主義教育を否定する立場から、教育の個人主義、すなわち教育において個人の「人格の完成」をめざすことを最も重視したわけです。こうした教育基本法の理念と目的は、果たして上述の役割や目標と矛盾なく両立することができるのでしょうか。

私には、そうは思えません。そしておそらくは、政府・与党もそうは思っていないのではないでしょうか。というのも、現在、教育基本法の改定が政府・与党内で検討されているのですが、そうした改定をめざす動きも、今回の「有事法制」の議論と関連していると考えられるからです。仮に、「有事法制」が整備され、教育基本法も改定されることになれば、その先に待っているのは、憲法九条を変え、軍隊を持ち戦争のできる「普通の国」にするという改憲以外にないのではないでしょうか。

Q8

国家財政や企業にはどんな影響がある？

「有事」といったものを想定したり前提にしたりする場合、財政にいかなる影響があり、企業とはどのような関係にあるのか、いくつかの例を紹介しながら見ていきたいと思います。

▼防衛予算の使われ方

二〇〇一年度、国の防衛関係費は四兆九五五三億円（当初予算）でした。これには、隊員の給与や食糧の経費、装備品などの購入費、基地周辺の対策費、在日米軍に対する駐留経費、研究開発費などが含まれています。加えて、政府は条約上の義務ではない財政支出を米軍に行っています。法的義務ではないので、これは俗に「思いやり予算」といわれています（二〇〇二年度予算では約二五〇〇億円）。「思いやり予算」は、主として米軍基地で働く従業員の給与や福利費、米軍住宅費、光熱費などのために支出されていますが、変わったところでは、学校や教会、ミルクプラントなどがこの「思いやり」によって作られています。こうして「思いやり予算」も含めると、全体としての防衛関係の予算は、五兆円を超えるものとなります。ここでは、とくに基地周辺の対策費と即応予備自衛官制度について見ていきます。

自衛隊や米軍の基地・演習場などが、周辺の住民に多大な精神的・身体的被害を与えることから、一九六六年の「防衛施設周辺の整備等に関する法律」を経て、一九七四年に「防衛施設周辺の生活環境の整備等に関する法律」(基地周辺整備法)が制定され、これらの基地などを抱える自治体に国庫支出金(補助金)が支出されることになっています。この法律では、航空機などの騒音対策として学校・病院などの防音工事の助成や、住宅の防音工事の助成、移転補償や土地の買入、緑地帯の整備、民生安定施設の整備などが定められ、あわせて首相が指定した特定の基地が所在する市町村に対して、特定防衛施設周辺整備調整交付金を交付することができるとされています。特定の基地とは、①ジェット機の離着陸が実施される飛行場、②砲撃などが実施される演習場、③港湾、④大規模な弾薬庫などで、基地がない自治体に比べて環境整備により以上の努力を余儀なくされるところのことです。

このように、一応は法律もあるのですが、しかし騒音に対する音源対策はされず、防音工事の費用や移転補償も毎年度の予算内に抑えられています。さらに、こうした補助金制度自体が、自治体コントロールの手段となっています。とくに、沖縄県や北海道には、国に依存せざるをえない財政構造の自治体が少なくなく、そうしたところでは補助金のために自治体の基本政策まで変更しなければならない場合もあるのです。

このように国の裁量に任された部分の多い補助金は、財政民主主義の観点のみならず、地域住民の意識までを支配しかねないという意味でも問題があります。今後、さらに「有事法制」が整備されていくようになれば、米軍への日常的な協力がますます要請されることが予想されますが、そうした際には、こうした補助金が有力な「武器」となることは間違いありません。

▼即応予備自衛官制度

次に、即応予備自衛官制度ですが、これは防衛大綱に示された新たな体制の一翼を担うものとして、一九九七年に陸上自衛隊に導入されました。即応予備自衛官は、普段は社会人としてそれぞれの職業に就きながら、「有事」の際には常備自衛官とともに第一線部隊で従事する人たちのことです。陸上自衛隊は、即応予備自衛官を二〇〇〇年度末までに五〇〇〇人程度導入し、将来的には陸上自衛隊一六万人のうちの約一割にあたる一万五〇〇〇人を即応予備自衛官で対応する計画を持っています。この即応予備自衛官は、必要とされるレベルを確保するため、年間三〇日の訓練を受けることになります。また、即応予備自衛官の身分は、非常勤の特別国家公務員で、招集された場合には、出頭した日から自衛官となります。なお招集期間中と訓練期間中は、労働基準法の適用は除外されることになっています。応募資格は、陸上自衛官として一年以上勤務し、退職後一年未満の元自衛官または予備自衛官として採用されている者で、ほかに階級や年齢などの条件があります。

こうした即応予備自衛官制度のとくに大きな問題点は、即応予備自衛官を雇用する企業に対して給付金が支給される点です。もともと、本人に対しては、月額で一万六〇〇〇円の手当のほか、招集訓練手当などがありますが、さらに即応予備自衛官を雇用する企業に対しても、即応予備自衛官雇用企業給付金として即応予備自衛官一人当たりにつき年額五一万二四〇〇円の支給があるのです。これは、企業が即応予備自衛官を雇用するに伴って、訓練出頭などのための休暇制度の整備や、職場不在の間の業務ローテーションの変更、代替者の確保、業務変更に伴う顧客への影響といったさまざまな負担を負うことになるので、そうした負担に報いるための制度とされています。

ところで、こうした制度が、長引く不況のなか、たとえばトラックなどの輸送業界などで注目されています。年額約五一万円の雇用企業交付金は、企業にとっても魅力的なのです。また自衛隊のほうでも、ホームページ上で「訓練を受けた即応予備自衛官は、職場において必ず活躍します」、「自衛隊で培った規律心、責任感で確実に職務を遂行します」、「訓練招集に際して行う健康診断と体力検定は、社員の健康管理に役立ちます」、「訓練で磨いた部隊指揮能力は、職場における部下の指導に役立ちます」(いずれも自衛隊東京地方連絡部のホームページから)という具合に企業にとってのメリットを強調し、さらには業界誌上などで制度の紹介をして、積極的に採用する

修理中の護衛艦「くまの」（一九九八年、広島県呉市の造船所＝水島撮影）

よう呼びかけたりしています。〝自衛隊と企業の掛け橋〟という名の下、こうした動きは進行していますが、これらが「有事」の際の民間協力を確実にするための一つの手段であることには、注意する必要があります。

▼実際の戦費

最後に、実際に戦争となったときの戦費について、アフガニスタンに対する作戦の場合を紹介しつつ見ていきたいと思います。

アメリカの国防総省が議会に提出した見積書によると、米軍が最初の一カ月に投入した戦費は、派兵・移動費用や弾薬費、物資空輸費などで合計一四億六四九〇万ドルとなっています。これは、一ドル＝一二三円で換算すると、一八〇一億八二七〇万円に相当する金額です。これに、9・11以降のアメリカ本土防衛作戦の費用も合わせると、約二〇億ドル（二四六〇億円）になります。参考までに紹介すると、米軍のB52爆撃機を作戦行動で一時間飛ばすと八五〇〇ドル、同じくFA18戦闘機ならば五〇〇〇ドルかかります。トマホーク巡航ミサイルは一発で一〇〇万～二〇〇万ドル、バンカーバスター（地下施設破壊爆弾Ｂ61―11）は同じく一二万五〇〇〇ドルです。これらはほんの一例ですが、それでも実戦にどれだけ莫大な費用が必要かを窺い知ることができます。なお、日本に目をやると、自衛隊はテロ特措法の成立を受けて、インド洋上に補給艦二隻と護衛艦三隻を展開し、米艦船と英艦船に軽油の洋上補給を行っています。この実績ですが、昨年一二月の活動開始から約三カ月経った二〇〇二年二月末の時点で、補給回数が約四〇回、補給量は合計約六万キロリットル、調達費用は約二三億円となっています。この費用は、もちろん全額を日本政府が負担しました。つまり、私たちの税金がアメリカの戦争に使われたのです。そして、現に今この瞬間にも使われていま す。

アフガニスタンの復興には、推定で六五億～二五〇億ドルの費用が必要とされています。これが、大量の戦費を投じた結果です。私たちは、この事実をどう受け止めたらよいのでしょう。

Q9 日本にいる外国人はどうなるの?

「有事法制」の目的は、一般に、国民の生命・財産を守り、国家の安全と平和を確保するためといわれています。「国民を守る」という目的は無難なもののように思えますが、本当にそうなのでしょうか。ここでは、「国民」という言いまわしにこだわってみたいと思います。

▼「国民ではない者」はどうなる?

「国民」という言いまわしは、さしあたって、「国民ではない者」、すなわち日本国籍を有さない外国人を想起させます。「国民を守る」という場合、こうした人たちはどうなるのでしょうか。国民以外は守られなくてもいいのでしょうか。日本に滞在あるいは定住している外国人の扱いはどうなるのでしょうか。

そもそも「有事」という発想は、自らに対する「敵」なるものの存在を前提にしますが、この考え方は、「敵」を特定化しつつ同時に自らを同定化するというセレクトを先天的に抱え込んでいます。しかも、その特定化や同定化の認定が政府によってなされるという点が大きな特徴です。

現在、日本には毎年五〇〇万人前後の人たちが外国から入国しています(二〇〇〇年には約五二七万人)。また、二〇〇〇年度で、外国人登録を行っている人は一六八万人を超え、そのうち永住者の人は約六六万人を占めています(このなかには、いわゆる在日コリアンの人たちも含まれています)。国籍も、韓国や中国、アメリカ、フィリピンなど多様です。こうした現状のなかで、「有事」という発想を貫いた場合、どうなることが考えられるでしょう。

まず、どこかしら仮想「敵」を想定するため、敵国(民)を自国の裡に抱え込むことになる可能性が高いでしょう。そしてその際、敵国(民)に対する悪感情や不当な扱いが懸念されます。すでに、9・11後のアメリカでは、中東系の人たちが、ただテロリストと目される人物と出自や信仰が同じであるという理由だけで、殺害あるいは暴行されるという事件が起きました。また、テロリストが誰かわからないということで、約一〇〇〇人のアラブ人がアメリカ政府によって拘束され、約六〇〇人が弁護士とも接見できないという合衆国憲法にも反するような事態になりました。さらに日本においても、北朝鮮(朝鮮民主主義人民共和国)の「核疑惑」やテポドン発射の後には、チマチョゴリを着た朝鮮学校の生徒が、心ない日本人によってナイフで制服を破られたり、暴言を吐かれたりするという事件が続発しました。

こうした事件の背景には、民族差別や偏見が横たわっていますが、「敵」を想定するという「有事」的発想もこれに共通する構造を持っています。つまり、一人一人の個人その人で判断するのではなく、どこの国籍なのか、あるいはどの民族の一員なのかといった〝大括り〟の属性で個人を分類し、評価してしまうという考え方があるのです。そのうえ、「敵」が誰であるのかという認定を政府が一方的に行ってしまうのは重大です。私たちは、日常的にさまざまな国籍や信仰の人たちと交流していますが、こうした関係が政府の一方的な認定によって影響を受け、そうした関係が社会的にも認知されなくなるおそれがあります。このような発想は、「敵」を想定するという意味では二度と戦争をしないと決意した憲法九条に触れますし、また〝大括り〟の属性で個人を評価するという意味では個人主義の原則に反します。さらに、こうした差別や偏見は、それらを受ける側にとってみれば深刻なア

電気街で買い物をする外国人(二〇〇二年、東京・秋葉原)

イデンティティへの脅迫と映るでしょうし、また行う側でも、次第にそうした意識や行動が助長されるかもしれません。

しかしながら、こうした悪循環は、多様な属性を持った人たちの間で緊張感を高め、社会不安を増大させるだけで、誰にとっても幸福なことではありません。

▼「望ましい国民」像

次に、「国民」という言いまわしは、対内的にも問題となります。「有事」という発想は、「敵」との関係で自己同定化を要求します。そして、「敵」に対して自らを区別する場合、そこに自らの多様性をできるかぎり純粋化・均質化しようとする契機が働きます。つまり、「敵」に対抗するという形で「望ましい国民」像が描かれ、それに合致することが国民に求められるのです。

しかし、ここでもそれを設定し評価するのが政府だという点は重大です。というのも、そうなってしまうと、結局、「敵」と対決するために政府への協力を求めるという名目で、実際には現にある体制や秩序を維持することそれ自体が目的となってしまいかねないからです。そしてその場合には、「望ましい国民」というのも、体制や秩序維持の観点から、それを条件づける属性(政治的・宗教的・道徳的・文化的など)の優位を確保することに主眼が置かれることになり、その基準に従って国民一人一人がふるいにかけられていくことになります。具体的には、政治的に「望ましい国民」であるということを、たとえば体制や秩序のシンボルである旗や歌などへの各人のコミットメントで計測するということが予想されるでしょう。宗教的・道徳的・文化的レベルでの「望ましさ」も、同様の要領で計測されることになると考えられます。

このようにして、政府を担当する人たちと政治的・文化的に同じ属性を共有できる幸運な人にとってはまったく何の違和感も生じないのですが、そうでない人たちは「国民」でありながら「望ましく」ない者としてレッテルを貼られることになります。

かつて、戦時中には、戦争反対や国民主権を主張する共産党員やキリスト教信者などが、国家の敵として死刑にされたり拷問を受けるなど処罰されました。まさに、当時の体制や秩序に公然と反対する「非国民」だったわけです。一方で、アジア各国の諸民族を統合して「大東亜共栄圏」を建設しようとする「八紘一宇」を唱えながら、他方で、それに反対する勢力には容赦のない暴力を与え社会から排除する、これが戦時中の体制のひとつの特徴でした。

戦後、日本は新たな出発を迎えますが、実はその際も、この思想差別については深刻な反省を行いませんでした。戦時中に捕らえられた思想犯を戦後に解放したのは、日本の内務大臣ではなくＧＨＱの指令でした。

そうしたせいもあって、社会全体を一つの方向に誘導する「空気の圧力」は、昭和天皇の死去の際の「自粛」などを通じて、現在にも脈々と伝わっています。また、国民が一つであるという幻想も、「日本は単一民族国家である」とか、「日の丸・君が代を国旗国歌として認められない人は日本人をやめてもらいたい」などの発言に見られるように、依然として根強いものがあります。私たちは、このような過去を踏まえるとき、日本には歴史的にもこうした精神的土壌が多かれ少なかれ存在しているということに、つねに自覚的であるべきでしょう。こうした精神構造は、決して過去の話として片づけられる問題ではないはずです。

これまで見てきたように、「有事」という発想は、国民を統合しつつ排除するという作用を持っています。また、「敵」を特定化し自らを同定化する過程において、二重のセレクトを行うものでもあります（「外の敵」と「内なる異なる者」）。しかし、こうした発想は、社会から多様性を失わせ、不寛容な態度を蔓延させます。「有事」という発想は、不寛容を正当化するのです。そしてそれは、結局において、個人を自律的な存在として扱うことを拒否し、個人の尊重を放棄する観念でもあります。「有事法制」は、それを公定化し制度化します。社会的マイノリティにとっては、そのような「有事法制」の存在こそが、「有事」（非常事態）にほかなりません。

【八紘一宇】八紘一宇（はっこういちう）とは、戦前、日本のアジア・太平洋諸国などへの対外膨張主義を正当化するために用いられたスローガンです。『日本書紀』に出自があるとされています。「八紘」とは全世界を指すとされ、つまり全世界を天皇の威光のもとに一体化しようということを意味していました。一九四〇年の第二次近衛内閣の閣議決定「基本国策要綱」に使用され、一般に普及しました。

Q10 映画や音楽はどうなるの？

「有事法制」で文化はどうなる、ということで、芸術・文化への影響をとくに映画や音楽を題材にしつつ考えてみたいと思います。ここでも、9・11後のアメリカの動向などを参考にすることにします。

▼ハリウッドの協力

日本では、かつて映画界も臨戦体制に組み込まれるということがありました。一九三七年八月に、各映画会社が、どの作品の冒頭にも、「挙国一致」や「銃後を護れ」というたスローガンを入れ始めたのです。その後には、「皇軍一度起たば」（新興キネマ）、「北支の空を衝く」（東宝）、「敵国降伏」（松竹）、「暁の陸戦隊」（大都）などの表現も用いられました。

二〇〇一年一〇月、戦前の日本と似たようなことが、アメリカで発生しました。アフガニスタンへの報復戦争が開始された直後、ブッシュ大統領がハリウッド関係者をホワイトハウスに招き、戦争への全面的な協力を要請するという出来事が起きたのです。そして翌一一月、ブッシュ大統領の政治顧問は、ハリウッドに国威発揚のための映画製作を依頼しました。全米映画協会会長が、「三五年の業界経験のなかでも初めて」と述べる急接近ぶりでした。政治顧問は、今回の戦争を「テロリズムという悪との戦い」と位置づけ、それを遂行するために「国民の奉仕」がぜひとも必要だと訴えました。ハリウッド側も、これを受けて政府への協力を表明、パラマウント・ピクチャーズの会長は、「われわれは何かをしたいという途方もない衝動に駆られている」と述べました。そして実際、『アメリカの精神』と題された三分間の短編が、昨年一二月から全米の映画館一万館（総数の三分の二）で、予告編の時間帯に上映されました。内容は、約一三〇作品のハリウッド映画の場面をつなぎ合わせたもので、アメリカの忍耐や勇気、愛国心などのメッセージが込められているといわれています。また、このほかにも、映画スタジオやテレビ局が会合を持ち、国民の士気を高めるテレビの特別番組を制作することなどで合意しました。

ところで、果たしてこうした動きに危うさはないのでしょうか。もちろん、政府の介入を危惧する声もハリウッドにはあります。レコード産業協会の会長は、「親米的メッセージを流せば、誰もが飛びつくと期待するのは間違いだ」と指摘しています。しかしその一方で、「自国の価値観を積極的に支持・擁護したい」という思いも多くの人の間で共有されています。また議会にも、映画や音楽にアメリカの価値観を広める「民間外交の役割」を望む声があるのも事実です。

非常時に、「愛国心」の高揚を訴えるというのは、多かれ少なかれ一般的なことでしょう。しかしこれは、一歩間違えると単純な善悪二元論に陥ることにもなりかねません。しかも、アメリカ政府がハリウッドに要請した時期というのは、まさにアフガニスタンに対する報復戦争の真っ最中でした。このような戦時に、政府が自ら「愛国心」を訴えるだけでなく、公的機関でもない映画業界にも要請を行うというのは、それが豊富な資金力と大規模な配給ルートを持つハリウッドだけに、冷静に考えてみると非常に恐ろしいことです。

▼映画ばかりでなく音楽も

音楽のほうはどうだったのでしょう。9・11直後、アメリカでは一つの歌が象徴的に歌われました。〝ゴッド・ブレス・アメリカ〟です。テロ直後の議会で議員たちによって合唱されて以来、この歌は教会や証券取引所や野球場など全米各地で、さまざまな機会に歌われました。多くの歌手も、人前で歌えることを名誉だと感じました。アメリカ人にとって、〝ゴッド・ブレス・アメリカ〟を歌うことは、悲しみを共有し、団結を確認する一つの手段だったのです。

しかしその一方で、音楽シーンから排除された歌もありました。たとえば、ジョン・レノンの〝イマジン〟は、事件後しばらく、アメリカのラジオ番組から姿を消し、この歌が聞こえてくることはありませんでした。「時局にそぐわない」、これがその理由でした。音楽の世界でも、こうした選択は行われていたのです。

ニューヨーク在住の作曲家である坂本龍一氏は、事件直後、次のように述べています。「事件から最初の三日間、どこからも歌が聞こえてこなかった。唯一聞こえてきたのはワシントンで議員たちが合唱した〝ゴッド・ブレス・アメリカ〟だけだった。そして生存の可能性が少なくなった七二時間を過ぎたころ、街に歌が聞こえ出した。ダウンタウンのユニオンスクエアで若者たちが〝イエスタディ〟を歌っているのを聞いて、なぜかほんの少

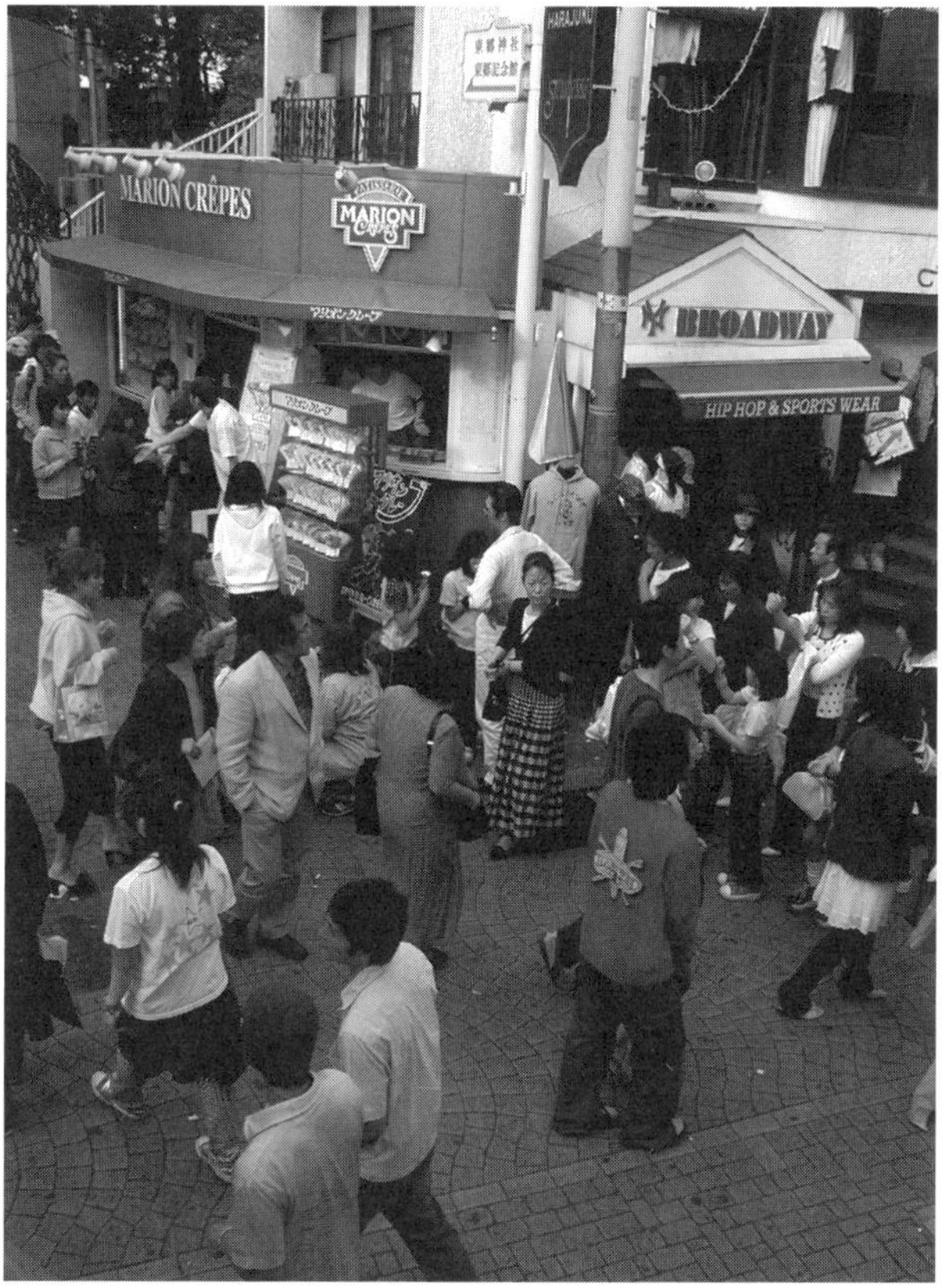

若者で賑わう歩行者天国(二〇〇二年、東京・原宿)

し心が緩んだ。しかし、ぼくの中で大きな葛藤が渦巻いていた。歌は諦めとともにやってきたからだ。その経過をぼくは注視していた。断じて音楽は人を『癒す』ためだけにあるなどと思わない。同時に、傷ついた者を前にして、音楽は何もできないのかという疑問がぼくを苦しめる」(『朝日新聞』二〇〇一年九月二二日)。

事件直後の独特の雰囲気のなかで、坂本龍一氏は、事件が音楽に与えた、あるいは与えつつある影響を敏感に感じとっています。そして同時に、音楽を通じて何ができるのかということをも思考しています。坂本龍一氏には、アメリカにいながらも、そのアメリカの大勢を相対化できる「精神の自由」があったのだろうと思います。事件直後の動向を振り返ってみるとき、こうした人は稀有な存在でした。

ここまで映画と音楽を題材に見てきました。以上のことからわかることは、文化や芸術の特性というものが、人間の多様な精神活動の表現にあるのだとすると、その前提には「自由な空気」が不可欠であるということだと思います。そのような文化や芸術の方向性が一つしかないようなのであれば、しかもその方向性が国家によって誘導されているものなのであれば、そこには「自由な空気」があるとは決していえないでしょう。戦時に、政府に協調して「愛国心」を訴えるということは、結局において戦争協力を行うということです。それはまた、多様な精神活動の前提を自ら掘り崩すことをも意味するのではないでしょうか。

テロや「不審船」は根拠にならない

Q11 そもそも「有事法制」は必要なの?

ここでは、本当に「有事法制」が必要なのだろうか、という「そもそも」論について考えてみたいと思います。現在、政府・与党やマスメディアの一部では、「有事法制」の整備が急務であるといったような主張が述べられていますが、そもそもなぜ必要なのか、議論の前提にもう一度立ち返ってみましょう。

▼テロや「不審船」は警察が対応

ある法律を作るにあたって、それを必要と認める事実のことを「立法事実」といいます。それでは、今回の「有事法制」の場合、新たな法整備を必要とする立法事実はあるのでしょうか。今回の議論では、実はこの点が非常に曖昧です。

マスメディアの一部は、テロや「不審船」などを例に挙げて法整備の必要性を訴えています。また国民の間でも、こうした意見はしばしば聞かれます。しかし、実はこうしたテロや「不審船」の問題は、「有事法制」の根拠とはなりえません。というのも、たとえばテロは、国際的には戦争ではなく刑法上の犯罪とされているからです。つまり、世界の多くの国では、テロは軍隊が出ていって解決する問題とは考えられていないのです。

テロについては、すでに国連を中心に一二のテロ関連条約があります。それらの内容は、ハイジャックや核ジャックなどを犯罪として扱うという問題から、テロ組織の資金を絶つ問題、容疑者の特定から逮捕を経て裁判へと至る過程についての措置の問題など、広範にわたっています。またこれらの条約を通じて、テロの容疑者は、捕らえた国で裁判にかけるか、そうでなければテロで被害を受けた国に引き渡すか、そのどちらかを条約加盟国は必ず実行しなければならず、そのために関係国が協力するという原則が確立されています。逆に、テロに対して「仇討ち」することは禁止されています（武力復仇《ふっきゅう》の禁止）。

さらに、「不審船」問題ですが、この対策は一義的には海上保安庁の役割です。もちろん、領海侵犯などは国際法違反ですし、黙って手をこまねいていいわけではありません。なんらかの法的手段をとることは必要です。実際にも、海上保安庁が発行している『海上保安レポート二〇〇一』によれば、海上保安庁は二〇〇〇年だけで三五七隻の不法行為または特異な行動をとった外国船を確認していますが、このうち不法行為を行った二八二隻に対しては警告退去や検挙などの措置を、また特異な行動をとった七五隻に対しては当該行動の中止要求や警告退去などの措置をそれぞれ講じたとしており、基本的には任務を果たしていると考えられます。また、領域警備などに関しては、近隣諸国との協力も不可欠です。同レポートは、二国間連携による海上の治安確保の重要性を強調していますが、こうした点の充実を図ることが今後の課題でしょう。

いずれにせよ、刑法上の犯罪に対しては警察力で対応するのが原則です。テロや「不審船」問題は、「有事法制」とは異なる次元の問題なのです（Q13でも改めて考えることにします）。

▼外部からの武力攻撃は「想定できない」

それでは、外部からの武力攻撃というのは「有事法制」の根拠としてどうでしょう。これも現実的な可能性としてはありえません。小泉首相や中谷元防衛庁長官も国会で答弁しているように、外国が日本に侵略することは「想定できない」のです。

阪神・淡路大震災で黒煙を上げて燃え上がる住宅街(一九九五年、兵庫県神戸市内)

確かに、現在もアジア太平洋地域には、国家間の対立や民族、宗教上の紛争など予断を許さない面が残っているのは事実です。ただ、こうした対立が直ちに他の国々、とりわけ日本を巻き込んだ紛争に陥り、日本が武力攻撃を受けるような事態にまで進展するとは考えられません。むしろ、地震などの自然災害に見舞われる危険性のほうが現実的だと思われます。

▼「備えあれば憂いなし」的理由

そうなると、立法事実は存在しないのでしょうか。推進側の人たちは、どのように考えているのでしょう。

この点を考える際、西元徹也元統幕議長のインタビューが本音を語っていてたいへん興味深いです。曰く、「有事法制の必要論が盛り上がっているなか、もう一回、領域警備の問題や根本的なテロ対策に引き戻すと、また二年、三年とかかってしまう。再び、忘れ去られる危険性が十分にある」(『朝日新聞』二〇〇二年三月八日)。「忘れ去られる危険性が十分にある」、すなわち「今作らないと今後いつできるかわからない」——これが、唯一の立法事実のようです。

　しかし、これはほとんど「有事法制」オブセッション(強迫観念)でしょう。「有事法制」を作るべきかどうかについて、まるで結論はすでに出ていて議論の余地のないかのような言いぐさです。

　ただ、実はこうした言い方が、小泉政権誕生以後、かなりの程度蔓延しているのも事実です。テロ直後には、それまでハト派と目されていた宮沢喜一元首相も、「日本自身も何かしないといけない。同胞が何十人も殺されたときに、国連決議がないと動けないということはない。国が国民の生命を保護するのは、憲法以前に当然のことだ」(『朝日新聞』二〇〇一年九月二〇日)と述べ、やはり結論は自明であるかのように主張しました。小泉首相に至っては、こうした言い方はそれこそ毎日のようになされています。「構造改革なくして景気回復なし」、「常識でいこう」、「あとは実行あるのみ」などなど。

　しかし、このように物事を単純化し、議論を遮断し、結論を問答無用の形で押し通そうとするやり方は、警戒されなければなりません。「有事法制」についても、「備えあれば憂いなし」などという簡単な理由で正面突破しようとしていますが、本来この問題は、なぜ「有事法制」が必要なのか、「有事法制」の整備によって人権に影響はないのかといったことなどについて、思考の長い連鎖が必要とされる重大な問題です。杉田敦・法政大学教授は、こうした傾向を思考停止を招く「決断症候群」と名づけていますが、こうした「症候群」こそ本当の危機でしょう。私たちは、「有事法制」を制定する以前に、「有事」に至らないようにするために何をすべきなのか、まずそのことを真剣に考えるべきです。

「安全第二」、その行きつくところは……

Q12 「有事法制」で将来の社会はどうなる？

「有事法制」の整備が進むと、私たちの社会の将来はどうなるでしょうか。ここでは、予想される未来の一部をシミュレーションしてみたいと思います。

▼個人よりも国家が優先

「有事法制」が確立されると、民間の人たちに強制的な従事命令や物資の収用などを命じることのできる、基本的人権を著しく侵害する体制が整うことになります。それは、「有事」の際に国に協力しない者を犯罪者とするような体制でもあります。個人よりも国家が優先、そうした原則が明確にされるのです。そのうえ、政府は「敵」を認定し、教育を通じて〝望まれる国民〟を育てます。「正解」が政府の手に握られ、政府がそれを国民に与えるというシステムが確立されていくことになります。また、私たちはマスメディアを通じて戦争と接する場合が多いですが、そこでの情報もコントロールされ操作されてしまっています。何が実際に起きているのかわからないまま、見えない戦争への「協力」だけが要求されるという仕組みです。

こうしたなか、いったん「有事」体制が発動されると、官民あげて国に「協力」という空気が作り出され、地域や学校などで組織化が進むことになります。こうして、一つの「正解」、一つの情報、一つの国民という「われわれ」共同体が完成されます。他方で、こうした大勢に順応できない人たちは、緊張感に耐えつつ日常を送らなければなりません。そしてもちろん、日本国憲法の価値も、こうした状況のなかでは後退したものとなっていかざるをえません。

▼「安全第一」思考で個人の自由が圧迫

国民の間に潜む不安感情や安全志向に便乗する形で、治安強化の施策が進められることも予想されます。具体的には、テロ対策などの名目で、盗聴権限の拡大や外国人に対する取締の強化、民間団体に対する監視活動の徹底などが行われるでしょう。そしてこうした方向性は、「安全」をキーワードに追求されることになるでしょう。

しかしこれらの施策は、通信の秘密や日々の行動、社会的活動への参加など、市民的自由との関係で大いに懸念される内容を含むものです。またそこでは、「保護者としての国家」というものが前面に出され、国家が究極的な安全の守り手としてふるまう機会が増えることになるだろうと思われます。ただそうした「安全第一」思考の反面で、個人の自由というものは確実に縮減されていくことになるでしょう。全体の安全を優先していった結果、個人の自由はほとんど消滅してしまったということになってしまうかもしれません。

▼軍事優先で命の不平等が拡大

また、「有事法制」が整備され軍事を優先する社会が確立されると、生命の不平等が拡大することになります。というのも、本質的な不平等性が軍には内在しているからです。

かつて、沖縄戦の当時には、日本軍と地元住民が混在した壕では、出口に最も近い一番危険なところに朝鮮人が、その次に出口に近いところに地元住民が、最も奥の一番安全なところに軍が潜んでいました。軍の作戦のために、同胞である日本軍に殺された住民もいました。軍人とそうでない人の命は、決して同等ではなかったのです。沖縄の住民にとって、軍は自分たちを守ってくれる

「ビックレスキュー二〇〇〇」で地下鉄大江戸線を使って移動する第三一普通科連隊(二〇〇〇年九月、東京・木場公園=水島撮影)

存在ではありませんでした。

沖縄戦だけではありません。現在でも、アメリカやイギリス、ドイツなどには、政府機関や軍部中枢のためのシェルターがあります。一般の国民向けにはそのようなものは存在しません。国民の多くが死亡することがあっても、軍の指揮系統が健在であり、政府中枢が機能し続けているなら国家は存続しているという考え方が、こうした不平等を許容しているのです。軍事を優先させる社会、それは本質的に不平等で非民主的な構造を抱えている社会といえます。

▼アジア諸国の不信感は増大

さらに、アジア太平洋地域を中心とした諸外国との関係も、微妙なものになっていく可能性があります。「有事法制」というものが仮想「敵」を想定するものである以上、「敵」だと想定されていると感じる国々からは、反感をもって見られたり、また敵愾心を煽るような結果になるかもしれません。とくに、これらの国々のなかには、かつて日本に侵略されたところも多いですから、軍国主義の復活と見なされ、批判されるということも十分考えられます。「有事法制」を推進する人たちのなかには、過去の侵略戦争を侵略戦争として認めない人も少なくありませんから、そうしたところでは不信感はなおさら強くなるでしょう。

また、アメリカとの関係では、自衛隊が米軍を補完しつつ、共同して海外に出ていく場面も多くなるでしょう。ブッシュ・ドクトリンとでもいうべき「悪の枢軸」戦略は、相手の体制変革を明確に目標に定め、必要なら単独の先制行動も辞さないという強硬な姿勢を打ち出しています。小泉首相は、「米国と常に共にある」と述べていますが、こうしたズルズルとした関係は、いったい日本をどこに導くことになるのでしょうか。

▼海外派兵で悩めるドイツ

なお、自衛隊がたびたび海外に派兵されるようになると、その結果どういったことが考えられるでしょう。この点については、「先輩国」であるドイツの経験が参考になります。少し詳しく見ていきましょう。

旧西ドイツは、一九五六年と一九六八年に憲法（基本法）を改定して、軍事法制と〝完璧な〟緊急事態法制を整備しました。軍人の基本権制限を憲法に規定する一方で、**軍事オンブズマン制度**や強力な議会統制のシステムを導入したのです。また、「有事」の認定を「合同委員会」というミニ非常議会に委ねるなど、執行権の暴走を防ぐ安全装置を随所に盛り込むということにも努力しました。ただそのドイツも、NATO域外への派兵については、憲法（基本法）を改正することなく、連邦憲法裁判所の判決を根拠に域外派兵を連続して行い、ついに一九九九年にはユーゴ空爆にも参加しました。そして〝テロとの戦い〟と称して、アフガニスタンでの戦闘作戦行動に参加するところまできました。現在、アフガニスタンの首都カブールをはじめ、ウズベキスタンやジブチ、ボスニア、コソボ、マケドニアなど、合計で約一万人が外国に派兵されています（『シュピーゲル』二〇〇二年三月一一日号一七四頁）。

そのドイツ兵二人が、今年三月六日、アフガニスタン国際治安支援部隊（ISAF）として駐留しているカブールで、デンマーク兵三人とともにミサイル爆発事故で死亡するという事件がありました。戦後ドイツにおける初の「戦死者」です。戦後、日本と同じようにいろいろな「負債」を抱えて出発したドイツが、ついに戦闘行動のなかで戦死者を出したということは象徴的です。ドイツ世論は今、大きなショックを受けています。政権内部からもアメリカへの軍事協力の拡大への批判が出てきました。

アメリカやイギリスのように「普通に」武力行使を行う「普通の国」となったドイツは、今、深刻なジレンマに陥っています。アメリカは、アフガニスタンに爆弾の雨を降らせながら、後始末はＮＡＴＯ諸国に任せています。「新参者」ドイツは甘く見られており、腰が引けてきたＮＡＴＯ諸国は、バルカンではドイツに任務を押しつけています。日本と同様に「金しか出さない」と非難されたドイツ。「人も出そう」と派兵を始めるや、次々に任務を押しつけられ、ついには一万人もの兵士がドイツ国外に駐留することになってしまいました。

このような「普通の国」ドイツのジレンマは、「有事法制」を整備した後に来るであろう日本の状況を先取り的に示しているように思われます。現在議論されているような「有事法制」が制定された場合、日本の自衛隊にも「戦死者」が生まれ、あるいは逆に自衛隊が捕虜を確保し、さらには自衛隊の手で「戦死者」を生み出すことになるかもしれないということを、私たちは真剣に考える必要があります。

【ドイツ緊急事態法制】一九六八年、ドイツは一七回目の基本法（憲法）改正で大量の緊急事態規定を新設しました。その一番のポイントは、外部からの武力攻撃事態（防衛事態）の認定を議会に委ねたことです。緊急を要する場合でも、合同委員会というミニ非常議会の同意があってはじめて、首相は緊急事態権限を発動できます。これは、大統領に強力な非常措置権を与えたワイマール憲法への反省に基づくものです。このほか、緊急事態においても連邦憲法裁判所の権限は侵されないなど、「緊急事態の立憲化」ともいうべき内容を多く含みます。

【軍事オンブズマン】軍隊に対する議会任命の監察委員の制度。一九一五年のスウェーデン憲法に初めて設けられました。これをモデルにして、旧西ドイツが一九五六年に、基本法（憲法）を改正して導入しました。軍隊に対する議会統制の一手段で、資料請求権やアポなしの部隊訪問権を持ち、連邦議会防衛委員会の指示に基づいて調査をしたり、軍人の基本権侵害や軍隊内の問題について独自に調査したりします。軍人からの申立ては、二〇〇一年度は四八九一件となっていますが、その内容は、人事問題や待遇への不満などが多いようです。議会の補助機関のため、直接問題を是正する権限はありませんが、年に一度の報告書を議会に提出して、軍隊内部の問題を世論に喚起する役割を果たしています。

Q13

「有事法制」によらない安全保障の道はあるの？

それでは、Q12とは逆に、「有事法制」によらない安全保障というのは可能なのでしょうか。ここでは、それを考えるにあたって参考になるであろういくつかの視点と方法を提示してみたいと思います。

▼「備えあってその後に有事あり」

まず、「もし攻めてこられたら」という素朴な疑問を取り上げたいと思います。この点を考えるにあたっては、戦争は地震のような自然災害とは根本的に違うということを確認するのが重要です。地震はある日突然に襲ってきますが、戦争はそうではありません。戦争には、それに至るまでのプロセスがあります。なぜなら、戦争は人間によって計画され、支持され、遂行されるものだからです。

しかし、確かに戦争を始めるのは人間ですが、戦争をやめさせることができるのも、また人間なのではないでしょうか。「有事」という最悪の事態を想定してそれに備える以前に、日常的に友好関係を保ち、決定的な関係に至らないよう外交努力を尽くすことの方が、より優先されるべき重要なことのように思われます。

だいたい、「有事」に至るということは、外交の失敗で政府の重大な失政を意味します。政府・与党は、平和のための努力を怠りながら、無責任に「有事」を語るべきではありません。また、過去を振り返っても、「備えあって憂いなし」なのではなく、「備えあってその後に有事あり」というのが歴史の教訓であることを銘記すべきです。

▼市民レベルでの友好と相互理解

また、国家間の関係が、政府レベルの関係だけで規定されるという考えからも脱却する必要があります。今日では、政府以外にも、市民やNGO、自治体など、さまざまな平和を創造するアクター（担い手）が存在しています。安全保障を国家任せにしないという発想が、次第に浸透しつつあるのです。こうしたアクターによる多面的な交流が、文化や芸術、学術、スポーツなどの分野で緊密になされることは、相互理解の観点からもとても重要です。

そもそも、「敵」を想定するという発想は、相手を知らない、あるいは理解していないことによって可能となる精神の産物でしょう。本当に「敵」かどうかを見きわめるためにも、相手を知ることは大事です。「敵」とされている国の人たちが、どのような生活を送り、どんな習慣をもっているのか、若い人たちはどんな歌を口ずさみ、恋人たちはどんな会話を交わすのか、そうしたことをまったく知らないままで「敵」だと決めつけるのは、自らの無知と傲慢をさらけ出しているだけのように思えます。

政府レベルの思惑とは別のところで、市民レベルでの友好と相互理解が確固としているのであれば、たとえ相互に意見の相違があったとしても、それを力によって押さえつけるような手段はとりようがないはずです。

▼政府レベルでも

もちろん、交流は市民レベルだけではなく、政府レベルでも追求されなければなりません。その意味では、日本政府が依然として北朝鮮（朝鮮民主主義人民共和国）と国交関係を樹立していないのは問題です。北朝鮮との間では、戦後処理から拉致問題に至るまでさまざまな問題があることは事実ですが、交渉を行うためにも国交は早急に結ばれるべきです。北朝鮮に対しては、テポドンや「不審船」などで国民の間にも不信感がありますが、それを取り除くためにも、コミュニケーションの回復が速やかにとられるべきでしょう。また逆に、こうしたことをせずに、事実上、北朝鮮を仮想「敵」だとするのはフェアな態度ではありません。

とくに、北朝鮮やその他のアジア諸国にしてみれば、日本が無邪気に「もし攻めてこられたら」と心配すること自体がすでに心外なはずです。歴史上、侵略者は彼らではなく日本人だったからです。したがって、日本人がこうした心配を本気でしているということは、日本人が過去の侵略の歴史を自覚していないか、忘却しているからだというふうに理解されることになるでしょう。実際には、日本が再び「殴る」側になりつつあるにもかかわらず、そうした意識もなく、あくまで自己中心的であるところに批判は向けられているのです。

こうした批判を避けるためにも、国家同士の関係を明確に位置づけ、戦争責任を認めると同時にその処理を行うことが、さしあたって関係構築の第一歩として重要です。これはまた長期的に見たとき、日本の平和と安全にとっても有意義なことです。

▼対米一辺倒の日本外交からの脱却

次に、アメリカとの同盟関係や、いわゆる「国際貢献」をどうするかという問題を考えたいと思います。日本外交が対米一辺倒であることには、おそらく多くの人が同意されると思います。問題は、その一辺倒がただの一辺倒ではなく、従属的であるというところにあります。この点は、評価の分かれるところかもしれません。従属的ではないと思う人もいるでしょう。ただ、従属的であるかどうかは、たとえばアメリカに対して明確に意見を言えるかということで判断できると思います。

沖縄が置かれている状況や被爆国としての主張などで、たとえば日本はアメリカに何を言ってきたでしょう。安保条約で保障されている「事前協議」が行われたことはあったでしょうか。あるいはアメリカのこれまでの武力行使に、一つでも反対の意思表示をしたことがあったでしょうか。少なくとも、日本が、ヨーロッパや他のアジア諸国がアメリカに対して主張している程度には意見を言っていないことは間違いありません。

では、従属的ではないベターな関係とはどのようなものでしょう。私は、現在のような米軍にどこまでもついて行くという関係は、不適切な関係だろうと考えています。もちろん、反米になれと言っているわけではありません。両国の間の友好関係を維持・発展させていくことは、今後も当然重視されるべきです。しかし、南北格差を利用して自らの経済的・政治的権益の拡大を、場合によっては軍事力で威嚇しつつ追求するという覇権主義的な姿勢は、直ちに改められるべきです。アメリカは、自国の国益のためならば、たとえば二酸化炭素などの温室効果ガスの排出量規制に関する京都議定書のときのように世界の流れに反することも平然と行います。国連を無視した単独行動もとります。しかし、長期的なスパンで考えたときに、世界にとってそれは果たして賢明な選択でしょうか。私としては、将来、日本がアメリカの対等なパートナーとして、必要があれば言うべきこと言えるような関係になることが望ましいと考えています。そして、そうしたプロセスが、アメリカ自身も従わなければならないような国際ルールの確立につながっていけばと願っています。

▼非軍事的な協力へ

「国際貢献」についても、最近では軍事的な側面ばかりが強調されていますが、現実には内容は多種多様です。アメリカやイギリスなどは、「人道」や「人権」などを口実に武力介入を積極的に進めています。しかし、実際の現場では、医療や食糧援助、技術援助などの非軍事的な協力のほうがずっと比重は高く、しかも非軍事的な協力のほうが長期間必要とされているのです。とくに、藤原帰一・東京大学教授も述べるように、アフガニスタン空爆の際に言われた「人道的な空爆」などというのが、そもそも「幻想に過ぎない」という認識はとても重要です(『朝日新聞』二〇〇一年一〇月一〇日夕刊)。軍事力による「国際貢献」が、紛争を最終的に解決するということはありえないのです。また、軍事力による「国際貢献」というフレーズ自体が、そもそも最初からかなり偽善的です。

実際には、アメリカをはじめ各国とも、国益を考慮しつつ選択的に介入しているのが実情です。日本では、「国際貢献」といえば善であるかのように受けとられていますが、しっかりと現実を見る必要があります。そして、「国際貢献」＝自衛隊派遣といったような短絡的な思考も、戒められなければなりません。

では、日本がとるべき国際協力にはどのようなものがあるかというと、これはたくさんあります。最近では地雷除去の活動が注目を浴びていますが、これも立派な国際協力です。非核地帯条約の締結を追求するというのもあるでしょう。法律の整備を進めている国々に対して法整備の支援を行うというのも、関与の仕方には注意が必要ですが、一つの協力だと思われます。また、政府は自衛隊を派遣してアフガニスタン難民の支援を行わせることには熱心でしたが、国内で難民申請するアフガニスタンをはじめとするアジアの国の人たちには、一貫して冷淡です。こうした姿勢を改め難民を受け容れるのも重要な協力です。さらに、紛争やテロなどの真の原因である貧困・飢餓・差別・人権抑圧などを除去するために尽力することも、「軍事力によらない平和」を追求していくうえではきわめて重要な協力です。紛争やテロなどの最終的解決には、不平等・不公正・不条理といった根本的原因の除去が必要ですが、そのためには長期的な援助・協力が不可欠です。こうした努力の総体は、「平和の根幹治療」といわれています。日本国憲法は、以上のような国際協力をいずれも排除していません。むしろ、そうした姿勢を積極的に支持していると解されます。

▼議論をしよう

「平和を愛する諸国民の公正と信義に信頼して、われらの安全と生存を保持しようと決意した」――これは、憲法前文の中でも何かと批判の多い一文です。これをもって、「敗北主義である」とか「性善説にすぎる」などといわれたりもしています。しかしこうした批判は、この一文に込められた積極的な意義を完全に見落としています。

日本国憲法は、安全保障の問題を一国単位で考えることを放棄しています。核兵器や環境破壊などの問題がそうですが、安全保障の問題に国境が存在しないことをすでに前提にしているのです。そしてその結果、自分たちの安全と生存の拠りどころを、国家にではなく国境を越えた世界中の人たちとの友好に求めています。これは、「敵」を想定して自らの安全のみを追求するという一国的・自国民中心的な「有事法制」の発想とは正反対です。

　私たちは、世界との距離がさらに近くなり、世界の人たちがより身近な存在になっていくだろう二一世紀という時代性も踏まえて、日本の安全保障の問題を考えていかなければなりません。とくに、二一世紀に中心的な世代となる若い人たちには、将来の社会を左右しかねない

アフガニスタンの子どもが作った木製のおもちゃ—武器を上から入れると文房具等になるミンチ器。学校に行けない子どもたちのためにNGOが設立した職業訓練校「アシアナ」にて入手（二〇〇二年四月、カブール市内＝水島蔵）

「有事法制」の問題について、ぜひ真剣に考えてもらいたいと思います。たとえば、「ＣＨＡＮＣＥ！」というグループは、"WHO IS YUJI?"というキャッチコピーを使って、若い人たちに「有事法制」ついて考えようと呼びかけています。こうしたさまざまな取組みやそこでの議論は、非常に大事です。

　現在、政府・与党は、「有事法制」をできるだけ速やかに可決させることをめざしていますが、法案採決の前提として、少なくとも国民の間でこの問題について議論が尽くされる必要があると思います。法案の国民生活に与える影響などからしても、拙速な法制化は避けられなければなりません。と同時に、私たち一人一人も、「有事法制」について国会議員任せにするのではなく、自ら考え、意思表示していくことがとても大切だろうと思います。

【事前協議】日米安保条約六条に基づく「条約第六条の実施に関する交換公文」において、核兵器の持込みと在日米軍基地を使用しての出撃については、アメリカは日本政府と事前協議を行うことが義務づけられています。しかし、この事前協議では、核兵器を陸揚げする以外の「通過」や「寄港」は対象外となっており、また日本側に発議権や拒否権がないことから事実上空文化しています。

著者／水島朝穂（みずしま・あさほ）
早稲田大学法学部教授、法学博士。1953年、東京都生まれ。
著書に『現代軍事法制の研究』日本評論社、『武力なき平和』岩波書店、『この国は「国連の戦争」に参加するのか』高文研、『ベルリンヒロシマ通り』中国新聞社、『ヒロシマと憲法』法律文化社（編著）、『オキナワと憲法』同、『グローバル安保体制が動きだす』日本評論社（編著）ほか。
http://www.asaho.com/

Q1～Q13執筆／馬奈木厳太郎（まなぎ・いずたろう）
1975年、福岡県生まれ。早稲田大学大学院法学研究科博士課程。

GENJINブックレット30
知らないと危ない「有事法制」

2002年5月20日　第1版第1刷

編著者……水島朝穂
発行人……成澤壽信
発行所……株式会社 現代人文社
東京都新宿区信濃町20 佐藤ビル201（〒160-0016）
TEL.03-5379-0307　FAX.03-5379-5388
daihyo@genjin.jp（代表）
hanbai@genjin.jp（販売）
http://www.genjin.jp/
装丁………清水良洋
装画………佐の佳子
写真提供…時事通信社
発売所……株式会社 大学図書
印刷所……株式会社 ミツワ

検印省略　PRINTED IN JAPAN
ISBN4-87798-091-1 C0036
©2002 MIZUSHIMA Asaho

本書の一部あるいは全部を無断で複写・転載・転訳載などをすること、または磁気媒体等に入力することは、法律で認められた場合を除き、著作者および出版者の権利の侵害となりますので、これらの行為をする場合には、あらかじめ小社また編集者宛に承諾を求めてください。